国家出版基金资助项目

现代数学中的著名定理纵横谈丛书
丛书主编　王梓坤

Rivest-Shamir-Adleman System — Public Cryptography

Rivest-Shamir-Adleman体制
——公钥密码学

曹珍富　著

哈爾濱工業大學出版社
HITP HARBIN INSTITUTE OF TECHNOLOGY PRESS

内容简介

本书全面地总结了公钥密码学从 1976 年提出公钥密码体制(PKC)的概念到如今形成较为系统的公钥密码学的主要成果.通过本书读者可对各种密钥体制的构作方法、安全性分析以及用于数字签名讨论等有深刻地了解.

本书适合从事计算机科学、通信理论、密码学、计算复杂性理论、数论、组合数学、线性代数、有限域、编码理论等工作的科技人员及高等院校有关专业的师生参考.

图书在版编目(CIP)数据

Rivest-Shamir-Adleman 体制:公钥密码学/曹珍富著. —哈尔滨:哈尔滨工业大学出版社,2016.1
(现代数学中的著名定理纵横谈丛书)
ISBN 978 − 7 − 5603 − 5100 − 1

Ⅰ.①R… Ⅱ.①曹… Ⅲ.①公钥密码系统－高等学校－教材 Ⅳ.①TN918.2

中国版本图书馆 CIP 数据核字(2014)第 303521 号

责任编辑	刘培杰 张永芹
封面设计	张永芹 关虹玲
出版发行	哈尔滨工业大学出版社
社 址	哈尔滨市南岗区复华四道街 10 号 邮编 150006
传 真	0451 − 86414749
网 址	http://hitpress.hit.edu.cn
印 刷	牡丹江邮电印务有限公司
开 本	787mm×960mm 1/16 印张 15.25 字数 200 千字
版 次	2016 年 1 月第 1 版 2016 年 1 月第 1 次印刷
书 号	ISBN 978 − 7 − 5603 − 5100 − 1
定 价	98.00 元

(如因印装质量问题影响阅读,我社负责调换)

◉作者简介

曹珍富，国家杰出青年基金获得者，享受国务院特殊津贴。现任华东师范大学特聘教授，第十二届上海市政协常委。作为第一完成人或独立完成人获得教育部自然科学一等奖等省部级奖7项。从1981年开始发表学术论文以来，已在各种学术期刊、会议上发表400余篇高质量学术论文，SCI检索150余篇，EI检索260余篇，引用超过6000次，出版专著7部（包括1部CRC出版的英文专著）、主编（或副主编）全国教材两部，先后担任SCI国际期刊Computers & Security，Fundamenta Informaticae，Peer-to-Peer Networking and Applications，Security and Communication Networks，IEEE Transactions on Parallel and Distributed Systems和Wireless Communications and Mobile Computing等的副主编、编委或客座编辑。主持完成国家或省部级科研项目50余项，包括国家自然科学基金A3前瞻计划项目、重点项目、杰出青年基金项目等重要科研项目。在高校执教30余年里，为国家有关部门科研人员、中科院和众多高校做邀请报告100余次，参与制定相关国家标准10余项，历任国家自然科学基金专家评审组成员、国家自然科学奖评委、中国科学院杰出成就奖评委、国家重点实验室评估专家等。

⊙代序

读书的乐趣. 你最喜爱什么——书籍.

你经常去哪里——书店.

你最大的乐趣是什么——读书.

这是友人提出的问题和我的回答. 真的,我这一辈子算是和书籍,特别是好书结下了不解之缘. 有人说,读书要费那么大的劲,又发不了财,读它做什么? 我却至今不悔,不仅不悔,反而情趣越来越浓. 想当年,我也曾爱打球,也曾爱下棋,对操琴也有兴趣,还登台伴奏过. 但后来却都一一断交,“终身不复鼓琴”. 那原因便是怕花费时间,玩物丧志,误了我的大事——求学. 这当然过激了一些. 剩下来唯有读书一事,自幼至今,无日少废,谓之书痴也可,谓之书橱也可,管它呢,人各有志,不可相强. 我的一生大志,便是教书,而当教师,不多读书是不行的.

读好书是一种乐趣,一种情操;一种向全世界古往今来的伟人和名人求教的方法，一种和他们展开讨论的方式；一封出席各种社会、体验各种生活、结识各种人物的邀请信；一张迈进科学宫殿和未知世界的入场券；一股改造自己、丰富自己的强大力量．书籍是全人类有史以来共同创造的财富，是永不枯竭的智慧的源泉．失意时读书，可以使人重整旗鼓；得意时读书，可以使人头脑清醒；疑难时读书，可以得到解答或启示；年轻人读书，可明奋进之道；年老人读书，能知健神之理．浩浩乎！洋洋乎！如临大海，或波涛汹涌，或清风微拂，取之不尽，用之不竭．吾于读书，无疑义矣，三日不读，则头脑麻木，心摇摇无主．

潜能需要激发

我和书籍结缘，开始于一次非常偶然的机会．大概是八九岁吧，家里穷得揭不开锅，我每天从早到晚都要去田园里帮工．一天，偶然从旧木柜阴湿的角落里，找到一本蜡光纸的小书，自然很破了．屋内光线暗淡，又是黄昏时分，只好拿到大门外去看．封面已经脱落，扉页上写的是《薛仁贵征东》．管它呢，且往下看．第一回的标题已忘记，只是那首开卷诗不知为什么至今仍记忆犹新：

日出遥遥一点红，飘飘四海影无踪．

三岁孩童千两价，保主跨海去征东．

第一句指山东，二、三两句分别点出薛仁贵(雪、人贵)．那时识字很少，半看半猜，居然引起了我极大的兴趣，同时也教我认识了许多生字．这是我有生以来独立看的第一本书．尝到甜头以后，我便千方百计去找书，向小朋友借，到亲友家找，居然断断续续看了《薛丁山西征》、《彭公案》、《二度梅》等，樊梨花便成了我心中的女英雄.我真入迷了.从此,放牛也罢,车水也罢,我总要带一本书,还练出了边走田间小路边读书的本领,读得津津有味,不知人间别有他事.

当我们安静下来回想往事时,往往会发现一些偶然的小事却影响了自己的一生.如果不是找到那本《薛仁贵征东》,我的好学心也许激发不起来.我这一生,也许会走另一条路.人的潜能,好比一座汽油库,星星之火,可以使它雷声隆隆、光照天地;但若少了这粒火星,它便会成为一潭死水,永归沉寂.

抄,总抄得起

好容易上了中学.做完功课还有点时间,便常光顾图书馆.好书借了实在舍不得还,但买不到也买不起,便下决心动手抄书.抄,总抄得起.我抄过林语堂写的《高级英文法》,抄过英文的《英文典大全》,还抄过《孙子兵法》,这本书实在爱得狠了,竟一口气抄了两份.人们虽知抄书之苦,未知抄书之益,抄完毫末俱见,一览无余,胜读十遍.

始于精于一,返于精于博

关于康有为的教学法,他的弟子梁启超说:"康先生之教,专标专精、涉猎二条,无专精则不能成,无涉猎则不能通也."可见康有为强烈要求学生把专精和广博(即"涉猎")相结合.

在先后次序上,我认为要从精于一开始.首先应集中精力学好专业,并在专业的科研中做出成绩,然后逐步扩大领域,力求多方面的精.年轻时,我曾精读杜布(J. L. Doob)的《随机过程论》,哈尔莫斯(P. R. Halmos)的《测度论》等世界数学名著,使我终生受益.简言之,即"始于精于一,返于精于博".正如中国革命一样，必须先有一块根据地，站稳后再开创几块，最后连成一片.

丰富我文采，澡雪我精神

辛苦了一周，人相当疲劳了，每到星期六，我便到旧书店走走，这已成为生活中的一部分，多年如此. 一次，偶然看到一套《纲鉴易知录》，编者之一便是选编《古文观止》的吴楚材. 这部书提纲挈领地讲中国历史，上自盘古氏，直到明末，记事简明，文字古雅，又富于故事性，便把这部书从头到尾读了一遍. 从此启发了我读史书的兴趣.

我爱读中国的古典小说，例如《三国演义》和《东周列国志》. 我常对人说，这两部书简直是世界上政治阴谋诡计大全. 即以近年来极时髦的人质问题（伊朗人质、劫机人质等），这些书中早就有了，秦始皇的父亲便是受害者，堪称"人质之父".

《庄子》超尘绝俗，不屑于名利. 其中"秋水"、"解牛"诸篇，诚绝唱也.《论语》束身严谨，勇于面世，"己所不欲，勿施于人"，有长者之风. 司马迁的《报任少卿书》，读之我心两伤，既伤少卿，又伤司马；我不知道少卿是否收到这封信，希望有人做点研究. 我也爱读鲁迅的杂文，果戈理、梅里美的小说. 我非常敬重文天祥、秋瑾的人品，常记他们的诗句："人生自古谁无死，留取丹心照汗青"，"谁言女子非英物，夜夜龙泉壁上鸣". 唐诗、宋词、《西厢记》、《牡丹亭》，丰富我文采，澡雪我精神，其中精粹，实是人间神品.

读了邓拓的《燕山夜话》，既叹服其广博，也使我动了写《科学发现纵横谈》的心. 不料这本小册子竟给我招来了上千封鼓励信. 以后人们便写出了许许多多的

"纵横谈".

从学生时代起,我就喜读方法论方面的论著.我想,做什么事情都要讲究方法,追求效率、效果和效益,方法好能事半而功倍.我很留心一些著名科学家、文学家写的心得体会和经验.我曾惊讶为什么巴尔扎克在51年短短的一生中能写出上百本书,并从他的传记中去寻找答案.文史哲和科学的海洋无边无际,先哲们明智之光沐浴着人们的心灵,我衷心感谢他们的恩惠.

读书的另一面

以上我谈了读书的好处,现在要回过头来说说事情的另一面.

读书要选择.世上有各种各样的书:有的不值一看,有的只值看20分钟,有的可看5年,有的可保存一辈子,有的将永远不朽.即使是不朽的超级名著,由于我们的精力与时间有限,也必须加以选择.决不要看坏书,对一般书,要学会速读.

读书要多思想.应该想想,作者说得对吗?完全吗?适合今天的情况吗?从书本中迅速获得效果的好办法是有的放矢地读书,带着问题去读,或偏重某一方面去读.这时我们的思维处于主动寻找的地位,就像猎人追找猎物一样主动,很快就能找到答案,或者发现书中的问题.

有的书浏览即止,有的要读出声来,有的要心头记住,有的要笔头记录.对重要的专业书或名著,要勤做笔记,"不动笔墨不读书".动脑加动手,手脑并用,既可加深理解,又可避忘备查,特别是自己的灵感,更要及时抓住.清代章学诚在《文史通义》中说:"札记之功必不可少,如不札记,则无穷妙绪如雨珠落大海矣."许多大事业、大作品，都是长期积累和短期突击相结合的产物.涓涓不息，将成江河；无此涓涓，何来江河？

爱好读书是许多伟人的共同特性，不仅学者专家如此，一些大政治家大军事家也如此.曹操、康熙、拿破仑、毛泽东都是手不释卷，嗜书如命的人.他们的巨大成就与毕生刻苦自学密切相关.

王梓坤

再版前言

写于二十多年前的《公钥密码学》了。

这本书写作较早，初稿写成于1989年10月。后来，给研究生开课，当时的研究生王立华（现在是日本NICT研究员）提出可以帮我将初稿誊写到稿纸上。于是，我一边修改、她一边抄写，除了书中第5章外，其他几乎全部章节均由她抄写到了稿纸上，至1992年9月全书完成、交稿。

那个时候，密码资料奇缺，信息不通畅。完全不知道，世界上与我同时在写作完全相同书名的一位学者——欧洲科学院院士Arto Salomaa教授，他也在像我一样“独创着”、“构思着”并于1990年出版了他的书。他的书在我的书出版了好几年后才看到。后来，他的书在国内还有了中文译本。提这件事的目的是，我们虽然天各一方，却独立地在构思和创作相同书名的书，确是很巧很巧的事情。正因为这样，这两本书也有很大的不同。

Arto Salomaa 教授的书写了六章(经典双向密码学、公钥思想、背包系统、RSA 系统、密码系统的其他基础、密码方案:通信中的惊人应用)、两个附录(复杂度理论讲座、数论讲座),我的这本书写了十章(公钥密码学的理论基础、RSA 体制及其推广、基于二次剩余理论的 PKC、概率体制(PEC)、一次背包体制与分析、二次背包体制、基于编码理论的 PKC、基于离散对数的 PKC、其他形式的 PKC、密钥分散管理方案),两本书有交集,而且即使交集部分在材料的取舍上也有很大不同。Arto Salomaa 教授更多的是搜集整理,而我的更多的是以自己的工作为主。

所以,今天再读我的这本书感觉仍有几点内容向读者推荐:

(1)2 次密钥概念是国际上首次提出,可以看成无授权的重密钥方案,亦即重密码最早的雏形。现在分为授权的重密码(即代理重密码)和无授权的重密码。

(2)Eisenstein 环上的密码是国际上较早提出的新理论、新方法。

(3)K 次剩余密码至今还有重要的参考价值。

(4)关于二次背包的研究,许多思想是现今“格密码”的出发点。

事实上,那个年代有许多“好方案”是不发表的,例如,我提出的“加标识位的密码”、“多维 RSA”(这个后来发表在《中国科学》英文版上,见 Zhenfu Cao: The multi—dimension RSA and its low exponent security, Science in China (Series E), 43(4), 349-354, 2000)、“等价于 Eisenstein 整数分解的密码”等。在

30余年的教学和科研中，其实密码学的内容在不断扩大，除了上面提到的这些“好方案”均陆续教给了学生们外，连同后来新发现的密码方案、构造方法和可证明安全等内容，只要在课堂上能讲得清楚的，均毫无保留地教给了学生们。

哈工大出版社刘培杰先生是我几十年的朋友，他提出要重印我的这本书。这本是高兴的事，因为这本书在市场上绝迹应该有二十年了。当时出版数量就很小，而且大部分需要我购买和典当“稿费”，社会上能见到的极少。确如《太阳照在桑干河上》的作者在重印前言中所说，“只剩有极少几本收藏在黑暗尘封的书库里，或秘藏在个别读者的手中。”本想将这本书扩展后再出版，因为有太多的新内容需要放进去，听过我的课的同学都知道，有相当多的自创的新内容、新思想也值得放进去。但苦于没有太多的时间，只好一边答应重印、一边扩写本书内容。争取尽快完成扩展工作，将最新最好的公钥密码学呈现给读者。

心如此，还是不要期望太高。无论如何，都要感谢刘培杰先生和他的出版团队，使得今天的读者能够读到这本二十多年前出版的书。期望读者能提出宝贵意见，以便我在扩展版中改进和借鉴。

曹珍富（华东师范大学）

二零一五年七月七日于上海

⊙ 前言

在计算机的网络中，计算机之间以惊人的速度互相交换着信息．这些信息的每个用户都可以发送与接收．然而，很多时候，发送这些信息的用户希望只用合法的用户（接收者）才能读懂信息的内容，而其他用户均不能读懂．例如商业中，股票市场的“买进”与“卖出”，与外商谈判等，或国家安全、军事与外交部门的秘密指令等，均属于这类信息．所以，研究计算机网络中任一用户都可以和其中的一个用户进行秘密交换信息（秘密通道）就是一项重要的课题．

传统的密码体制是通过通信双方共同约定的密钥来加、解密的，这显然不适用计算机网络上的秘密通信．1976年，美国斯坦福大学的 Diffie 与 Hellman 在“密码学的新方向”一文中提出了公钥密码体制（Public Key Cryptosystem）的新概念，可用于解决前面提出的问题，因而开创了现代密码学的新领域[74]. 1978 年,Rivest,Shamir 与 Adleman 基于大整数分解的困难性提出了第一个公钥密码体制(RSA 体制). 后来,关于这一领域的研究如雨后春笋,不仅提出了一系列公钥密码体制,还由此引出了很多应用与新的概念. 例如,公钥密码体制用于数字签名,概率加密体制,门限方案等等. 同时,也有一些公钥密码体制被先后破译. 这就形成了较为系统的公钥密码学.

研究公钥密码学,不仅需要传统密码学的一些知识,而且需要计算复杂性理论、数论、组合数学、线性数学、有限域、有限状态机、椭圆曲线算术以及编码理论等方面的知识. 这些知识都已经被成功地用于构造与分析公钥密码体制.

作者于 1986 年以"数论、公开钥密码体制"为题申报中国科学院首次对全国开放的青年奖励研究基金资助获得批准. 1989 年顺利完成这一课题,其中"公钥密码体制及其计算机实现"[77]获航空航天工业部科技进步三等奖. 自 1990 年起,国家自然科学基金对作者这方面的研究给予连续性资助.

本书试图较为系统地、全面地介绍公钥密码学已形成的成果与方法,其中作者的工作分别被写进了第 2、4、5、6、9、10 章. 下面扼要介绍一下本书的主要内容.

第 1 章主要介绍密码学的基本理论,包括 Shannon 信息论与计算复杂性理论的基本概念与方法. 同时对公钥密码学的基本概念与产生的背景做了论述.

第 2 章在介绍欧几里得(Euclid)算法与欧拉(Euler)定理的基础上,进一步介绍了 RSA 体制,给出了 RSA 体制加、解密变换的严格证明. 同时分析了 RSA

体制的安全性与用于数字签名的方法. 最后,介绍了RSA体制在代数整数环$\mathscr{Z}[\theta]$上的推广与讨论.

第3章介绍RSA体制的各种修改. 在介绍同余式、孙子定理与二次剩余理论之后,介绍了Rabin,Williams以及Kurosawa等建立的三类公钥密码体制.

第4章介绍各种与大整数有关的概率体制(PEC)与强数字签名方案,同时论述了对强数字签名的消息进行加密的方法. 最后介绍利用公钥密码体制构作概率体制的一般方法.

第5章在介绍著名的MH背包体制之后,论述了在破译一次背包体制中起决定性作用的规约基L的3次方一算法. 由此算法,不难证明大部分的一次背包体制均是可破译的(第5章5.3).

第6章论述了二次背包体制的构作方法,特别介绍了MC概率背包体制、线性分拆背包体制的构作以及构作二次背包体制的几种新的方法. 这方面的公钥密码体制均是近年来才提出的,安全性尚需时间的考验.

第7章介绍有限域与Gpoooa码的基本知识,同时用于介绍McEliece与Niederreiter分别构作的两类基于编码理论的公钥密码体制. 最后介绍纠错码用于数字签名的方法.

第8章论述了用离散对数构作公钥密码体制的方法. 对其中用到的一般的离散对数问题、原根、离散对数的计算方法与椭圆曲线算术,也做了相应的介绍. 最后介绍奇特的Chor-Rivest体制.

第9章论述用有限状态机、丢番图方程构作公钥密码体制的方法，并介绍了某些丢番图公钥密码体制的破译方法. 同时，介绍了几类公钥分配密码体制及其改进.

第 10 章介绍密码分散管理的门限方案，包括 Shamir 方案、Asmuth-Bloom 方案以及构作有限域(或环)上门限方案的一般方法. 特别是介绍了 2 次密钥方案与构造方法.

为了方便读者对体制或方案的理解，我们在介绍各种体制、方案时，几乎均编制了示意性的例子.

作者由衷感谢上海交通大学学部委员张煦教授，北京邮电学院蔡长年教授、周炯槃教授，西安电子科技大学肖国镇教授、王新梅教授，四川大学孙琦教授等，他们这些年来均审阅过作者这方面的工作. 作者同时感谢国内外的众多密码学工作者，在撰写本书时，作者引用了他们的成果.

限于水平，书中难免存在不妥，还有疏漏，望读者批评指正.

作者

目录

公钥密码学的理论基础

第1章

1.1 Shannon 信息论

1.1.1 Shannon 保密系统

1949 年,Shannon[1] 在“保密系统的通信理论”一文中,提出了一整套如今被称为信息论的基础理论的概念和方法,并且用来度量密码体制的保密性. Shannon 将一个密码体制表示为如图 1.1 所示的保密系统.

其中信息源(简称信源)是若干消息或明文的集合,故也称为消息空间或明文空间,记为 M. 密钥源是若干供加、

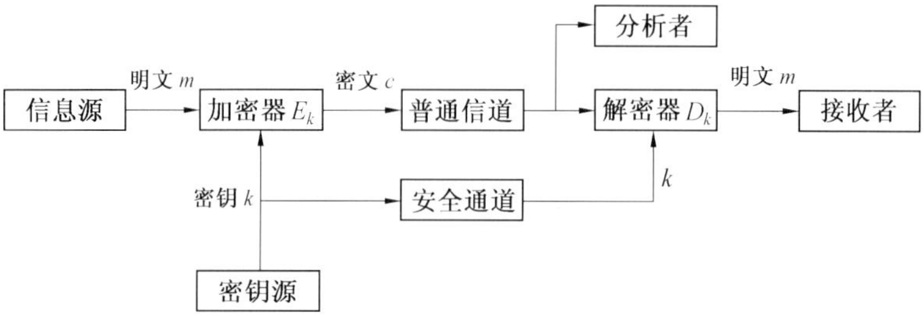

图 1.1　Shannon 保密系统框图

解密使用的密钥空间，记为 K. 发送者欲将明文 $m \in M$ 秘密发送给接收者，双方首先通过安全通道约定好一个密钥 $k \in K$，发送者通过加密器获得密文 $c = E_k(m)$，并将 c 通过普通信道发送出去. 接收者通过解密器获得明文 m，即

$$D_k(c) = D_k(E_k(m)) = m$$

其中对 $\forall k \in K$，D_k 与 E_k 是一对互逆变换. 密码分析者(也称破译者)从普通信道上只能截获到密文 c，所以，他们的任务就是从密文 c 中求出明文或密钥. 这是一个完整的传统的密码系统.

1.1.2　保密性度量——信息量与熵

设信息源的输出符号取值于一离散集合 $A = \{a_1, a_2, \cdots, a_n\}$，其中符号 a_i 出现的概率记为 $p(a_i)(i = 1, \cdots, n)$，且 $\sum_{i=1}^{n} p(a_i) = 1$. 对 $\forall a \in A$，以 $I(a)$ 记符号 a 的信息量，通常定义

$$I(a) = -\log p(a)$$

这里对数的底通常是 2，相应的信息量的单位为比特(bit). 十分显然，a 的“不确定性”与 a 的信息量 $I(a)$

有着密切的关系. 例如，a 表示“$1+1=2$”，这时由于 a 是一个众所周知的确定性事件，所以提供给人们的信息量是零；如果 a 表示哥德巴赫(Goldbach)猜想[①]，则 a 包含了很多未知的东西. 因此 a 的不确定性要大一些，信息量 $I(a)$ 也要大一些.

我们推广这个概念. 用随机变量 x 表示 A 上的信源，用各个符号信息量的平均值

$$H(x)=-\sum_{i=1}^{n}p(a_i)\log p(a_i)$$

来度量信源 x 的不确定性，并将 $H(x)$ 称为该信源的熵，也称 $H(x)$ 为信源 x 的熵函数. 十分显然，当诸 $p(a_i)$ 均相等时，$H(x)$ 达到最大值，此时 $p(a_i)=\frac{1}{n}$ $(i=1,2,\cdots,n)$ 且

$$\max H(x)=-\sum_{i=1}^{n}\frac{1}{n}\log\frac{1}{n}=\log n$$

当某个 $p(a_i)=1$ 时，$H(x)$ 达到最小值，即 $\min H(x)=0$. 因此熵函数满足

$$0\leqslant H(x)\leqslant\log n$$

设随机变量 y 的可能值位于集合 $B=\{b_1,b_2,\cdots,b_m\}$ 中，$\sum_{i=1}^{m}p(b_i)=1$. 令 $p(x\mid y)$ 表示对于给定 y 后，随机变量 x 的条件概率，并用 $p(x,y)$ 表示给定 x,y 的联合概率. 根据概率的乘法定理，我们有 $p(x,y)=p(x\mid y)p(y)$. 记 $H(x\mid y)$ 为给定 y 后 x 的条件熵，其

---

① 哥德巴赫猜想是：对任给的偶数 $N\geqslant 4$，都存在两个素数 p_1，p_2，使得 $N=p_1+p_2$. 这是一个没有证明的著名难题.

定义是

$$H(x \mid y) = -\sum_{x,y} p(x,y) \log p(x \mid y)$$

其中和号 $\sum_{x,y}$ 表示对所有 $x \in A, y \in B$ 求和，即上式也可以改写为

$$H(x \mid y) = -\sum_{i,j} p(a_i, b_j) \log p(a_i \mid b_j) = \\ -\sum_{j=1}^{m} p(b_j) \sum_{i=1}^{n} p(a_i \mid b_j) \log p(a_i \mid b_j)$$

定义 x, y 的联合熵为 $H(x,y)$，其表达式为

$$H(x,y) = -\sum_{x,y} p(x,y) \log p(x,y)$$

则直接验证有

$$H(x,y) = H(x) + H(y \mid x) = \\ H(y) + H(x \mid y)$$

并且

$$H(x \mid y) \leqslant H(x), H(y \mid x) \leqslant H(y)$$

由此显然，如果 x, y 是互相独立的两个事件，则

$$H(x,y) = H(x) + H(y)$$

如果事件 y 完全被事件 x 所确定，则

$$H(x,y) = H(x)$$

类似地，可定义 n 个随机变量 $x_1, x_2, \cdots, x_n$ 的联合熵

$$H(x_1, x_2, \cdots, x_n) = H(x_1) + H(x_2 \mid x_1) + \cdots + \\ H(x_n \mid x_1, \cdots, x_{n-1})$$

若将 $a \in A, b \in B$ 分别看成是一个系统对应的输入与输出，则输出 b 提供给输入 a 的信息量 $I(a;b)$ 定义为

$$I(a;b) = \log(p(a \mid b)/p(a))$$

显然 $I(a;b)=I(b;a)$. 这表明两个事件 a,b 可以互相提供的信息量相等，所以 $I(a;b)$ 也称为 a 与 b 间的互信息. 对 $I(a;b)$ 统计平均，则得到 x 与 y 的平均互信息

$$I(x;y)=\sum_{x,y}p(x,y)I(x;y)$$

这里随机变量 x,y 的可能值分别位于 A,B 中，和号 $\sum_{x,y}$ 表示对所有 $x\in A,y\in B$ 求和. 由此定义可得 $I(x;y)$ 与 $H(\cdot)$ 的关系，我们有

$$\begin{aligned}I(x;y)=&H(x)-H(x\mid y)=\\&H(y)-H(y\mid x)=\\&H(x)+H(y)-H(x,y)\geqslant 0\end{aligned}$$

在密码学中，密码分析员的任务是，在截获密文 c 后，求出密钥 k 或明文 m. 因此，相应地有两种条件熵，即给定密文 c 后，密钥 k 的条件熵 $H(k\mid c)$ 与明文 m 的条件熵 $H(m\mid c)$

$$H(k\mid c)=-\sum_{c}p(c)\sum_{k}p(k\mid c)\log p(k\mid c)$$

$$H(m\mid c)=-\sum_{c}p(c)\sum_{m}p(m\mid c)\log p(m\mid c)$$

因为可能存在多个密钥把一个明文 m 加密成相同的密文 c，即满足 $c=E_k(m)$ 的 k 值可能不只一个，所以 $H(k\mid c)\geqslant H(m\mid c)$. 密码设计员同样依据 $H(k\mid c)$ 与 $H(m\mid c)$ 来设计密码体制，例如，当 $H(m\mid c)=H(m)$ 时，相应的密码体制被称为绝对安全的，因为此时截获到的密文没有给分析员提供任何附加信息，被称为一次一钥的密码体制是绝对安全的. 这种体制虽然在唯密文攻击下是安全的，但不能保证在已知明文或选择明文攻击下也是安全的.

使用互信息的概念，我们有

$$I(m;c)=H(m)-H(m\mid c)$$

因为 $H(m\mid c,k)=0$，故

$$I(m;c,k)=H(m)-H(m\mid c,k)=H(m)$$

对任何密码体制，由于

$$\begin{aligned}H(k\mid c)=H(k\mid c)+H(m\mid k,c)&=\\H(m,k\mid c)&=\\H(m\mid c)+H(k\mid m,c)&\geqslant\\H(m\mid c)\end{aligned}$$

及

$$H(k)\geqslant H(k\mid c)$$

故

$$\begin{aligned}I(m;c)=H(m)-H(m\mid c)&\geqslant\\H(m)-H(k\mid c)&\geqslant\\H(m)-H(k)\end{aligned}$$

这表明，当密钥熵越大，则密文中包含的明文信息量就越小. 若密文与明文间的互信息 $I(m;c)=0$，则窃密者在唯密文破译下无论截获多大密文，均不能得到有关明文的任何信息. 所以，绝对安全的密码体制也可以被定义为适合 $I(m;c)=0$ 的密码体制，这种体制存在的必要条件是 $H(m)\leqslant H(k)$.

1.2　计算复杂性理论

对给定问题，研究求解的方法并分析执行此方法需要操作的次数是复杂性理论的重要内容. 因此，很自

然地，复杂性理论对于设计密码体制、分析破译方法的计算需求以及研究破译的困难程度，均是十分重要的.

1.2.1　基本概念——算法分类

一个要求给出解答的一般提问称为一个问题. 它由两个要素组成：具体实例与询问. 求解问题的过程如果能用一组明确指定操作顺序的规则描述，则说该问题是算法可解的，其中全体明确指定的操作顺序的规则构成了一个算法. 执行算法所需要的时间 T 与空间 S 称为算法复杂性. 假设 n 是输入规模，则 T 与 S 都可以表示为 n 的函数.

通常 $T(n)$ 与 $S(n)$ 均用其自身的阶来表示. 设 $f(n)$，$g(n)$ 均是正整数集 $\mathscr{Z}_{>0}$ 到 $\mathscr{Z}_{>0}$ 的函数，如果存在常数 c 和 N，使得当 $n>N$ 时 $f(n)\leqslant cg(n)$，则说 $f(n)$ 具有阶 $g(n)$，记为 $f(n)=O(g(n))$. 这样做具有与系统独立的优点，例如，没有必要知道各种指令的精确执行时间和各种数据类型具体占用的空间，但却能看到，当 n 增大时，时空需求是如何增长的.

根据算法的时间（或空间）复杂性将算法分成两类：一是当算法的执行时间是 $T(n)=O(n^t)$，t 为常量时，称该算法是多项式时间算法或有效算法；另一是当 $T(n)$ 不能囿界于多项式时的算法称为指数时间算法. 通常把找不到有效算法的问题称为难解问题.

算法可分为确定性算法与非确定性算法. 确定性算法在图灵机（或其他抽象的计算模型）上每执行一步计算都有确定的下一步动作，因此，每一个操作的结果都是唯一确定的. 对于一个非确定性算法，在图灵机上每执行一步可有选择地进行下一步动作，即算法中的某些操作的结果不是唯一确定的，而只限制在某个特定的可能结果的集合中．因此，非确定算法也称为概率算法．对非确定性算法，可以选择一个序列能导致算法成功地完成，则成功地达到完成所需的最少步数叫作非确定性算法所需要的时间．很显然，确定性算法可以看成是非确定性算法的特例．

1.2.2　问题分类

根据确定性与非确定性算法以及时间复杂性，可以将问题分成 P 问题、NP 问题、NP 难问题、NP 完全问题、$Co-NP$ 问题等．所谓 P 问题，是指用确定性算法，在多项式时间内解决的问题，而 NP 问题则是指用非确定性算法在多项式时间内可以解决的问题．用 P，NP 分别表示 P 问题类、NP 问题类，则显然 $P\subseteq NP$．但是，对每个 NP 问题，究竟有没有确定性算法在多项式时间内求解？$P=NP$？虽然许多 NP 问题看上去比 P 问题困难得多，但至今还没有证明 $P\neq NP$．这是计算复杂性理论中的著名难题．

设 π_1 和 π_2 是两个问题，若 π_1 可用多项式时间的确定性算法转化为 π_2，而 π_2 的解又可以用多项式时间的确定性算法转化为 π_1 的解，则称 π_1 可归约为 π_2，记为 $\pi_1\propto\pi_2$．利用归约的概念，可以将问题进行转化．例如，若 $\pi_1\propto\pi_2$，则对 π_1 的研究可以转化为对 π_2 的研究．

设 π 是一个给定的问题，如果对 $\forall\pi'\in NP$ 均有 $\pi'\propto\pi$，则称 π 是 NP 困难问题．如果 π 是 NP 困难问题，并且 $\pi\in NP$，则 π 称为 NP 完全问题或 NPC 问题．显然，如果能证明任意一个 NPC 问题属于 P 问题，

则 $NP = P$. 因此,NPC 问题是 NP 问题中最困难的问题,已知它们的最快算法在最坏情况下均具有指数阶的时间复杂性.

以 $Co - NP$ 表示由 NP 问题的否问题构成的集合,我们不知道 $NP = Co - NP$ 是否成立,但确实存在一些问题处在 NP 和 $Co - NP$ 的交集中. 由于验证 $Co - NP$ 问题的解比验证 NP 问题的解困难,因此人们倾向于验证 $NP \neq Co - NP$. 但是,如果假定有某个 NPC 问题,它的否问题(属于 $Co - NPC$ 类)也属于 NP,那么就会推出 $NP = Co - NP$. 所以,学术界普遍倾向于:如果问题 $\pi \in NP \cap Co - NP$,则 π 不是 NPC 问题.

图 1.2 显示了不同类别之间的大致关系,它们之间的确切关系,至今还不甚清楚. 在图 1.2 中,$PSPACE$ 类的问题被定义为以多项式阶空间求解的问题,它包括 NP 与 $Co - NP$ 类的问题. 但在 $PSPACE$ 类中也有被认为比 NP 问题和 $Co - NP$ 问题更难的问题. 当然,最为困难的是没有任何算法能以任意复杂性求解的问题(称为不可判定问题). 例如,希尔伯特(Hilbert)第十问题的否定回答[4*],证明了丢番图方程

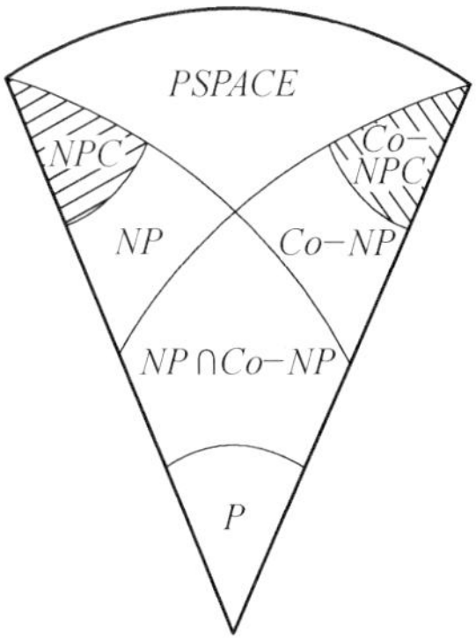

图 1.2　问题类别的关系

$$f(x_1, \cdots, x_n) = 0 (n \geqslant 3)$$

是否有解的问题是不可判定问题，其中 $f(x_1,\cdots,x_n)$ 是任给的具有整系数的多项式.

在设计密码体制时，常常是从已知的 NPC 问题或 NP 问题出发来构造，以保证足够的安全性.

1.2.3 一些 NP 问题的介绍

(1) 背包问题(Knapsack 问题)

实例：n 个整数的集合 $A=\{a_1,a_2,\cdots,a_n\}$ 和整数 s.

询问：存在 A 的一个子集，其中所有元素之和等于 s 吗？

容易知道[5*]，背包问题是 NP 问题. 进一步地，它还是一个 NPC 问题. 该问题的一个等价的说法是：设 $a_1,a_2,\cdots,a_n$ 是 n 个整数的序列，s 是一个整数，问方程 $a_1x_1+a_2x_2+\cdots+a_nx_n=s$ 是否有满足 $x_i\in\{0,1\}$，$1\leqslant i\leqslant n$ 的解？

(2) 整数分解问题(简称分解问题)

实例：正整数 n.

询问：存在整数 $n_1,n_2,1<n_1,n_2<n$ 使 $n=n_1n_2$ 吗？

这是一个著名的 NP 问题，求解它的已知最快的确定性算法是 Morrison 与 Brillhat[2] 得到的，但仍需要进行 $O(\exp\sqrt{\log n\log(\log n)})$ 次算术运算. 同时，由于分解问题的否问题是：对所有整数 $n_1,n_2,1<n_1$，$n_2<n$，$n\neq n_1n_2$ 吗？即 n 是素数吗？这个问题也是一个 NP 问题，所以分解问题既是 NP 问题又是 $Co-NP$ 问题. 因此，人们认为分解问题不是 NPC 问题.

(3) 矩阵覆盖问题(简称 MC 问题)

实例：一个整数环 Z 上的 n 阶方阵 $\mathbf{A}$ 和 $s \in Z$.

询问：存在 $(x_1,\cdots,x_n) \in \{0,1\}^n$ 使得

$$(x_1,\cdots,x_n)\mathbf{A}\begin{bmatrix} x_1 \\ \vdots \\ x_n \end{bmatrix} = s$$

已经证明[5*]，MC 问题是一个 NPC 问题. 背包问题可以看成 MC 问题的特例，例如，当

$$\mathbf{A} = \begin{bmatrix} a_1 & & \mathbf{0} \\ & a_2 & \\ & & \ddots & \\ \mathbf{0} & & & a_n \end{bmatrix}$$

时

$$(x_1,\cdots,x_n)\mathbf{A}\begin{bmatrix} x_1 \\ \vdots \\ x_n \end{bmatrix} = a_1x_1^2 + \cdots + a_nx_n^2 = a_1x_1 + \cdots + a_nx_n$$

(4) 二元二次丢番图方程问题

设 $f(x_1,\cdots,x_n)(n \geqslant 2)$ 是任给的具有整系数的多项式，丢番图方程 $f(x_1,\cdots,x_n)=0$，当 $n\geqslant 3$ 时是否有解是一不可判定问题. 对于 $n=2$ 时，艾伦・贝克(A. Baker)[4*] 一般地定出了丢番图方程 $f(x_1,x_2)=0$ 的解的上界. 因此存在算法判定 $f(x_1,x_2)=0$ 是否有解. 但这种算法的复杂性常常是指数阶的. 例如，对如下的二元二次丢番图方程问题：

实例：三个正整数 a,b,c.

询问：丢番图方程 $ax^2+by=c$ 存在整数解吗？

Manders 和 Adleman[3] 于 1978 年证明了这一问题属于 NPC 类的问题(可参阅文献[5*]). 由文献[5*]可知,下面问题也是属于 NPC 类的问题:

实例:三个正整数 a,b,c,且 $a<b$.

询问:同余式 $x^2\equiv a(\bmod b)$ 存在小于 c 的正整数解吗?

(5) 陪集重量问题

设向量 $\boldsymbol{x}=(x_1,x_2,\cdots,x_n)\in\{0,1\}^n$,所谓 $\boldsymbol{x}$ 的 Hamming 重量(简称重量)是指向量 $\boldsymbol{x}$ 的各分量中 1 的个数,记为 $W_H(\boldsymbol{x})$. 1978 年,Berlekamp,McEliece 和 Van Tilborg[4] 证明了下面两个问题均是 NPC 问题.

1) 陪集重量问题

实例:$\{0,1\}$ 上的一个 $n\times m$ 矩阵 $\boldsymbol{A}$,一个 m 维向量 $\boldsymbol{y}=(y_1,y_2,\cdots,y_m)$,及一个正整数 w.

询问:存在向量 $\boldsymbol{x}=(x_1,x_2,\cdots,x_n)\in\{0,1\}^n$,$W_H(\boldsymbol{x})\leqslant w$ 使得 $\boldsymbol{xA}=\boldsymbol{y}$ 吗?

2) 子空间重量问题

实例:$\{0,1\}$ 上的一个 $n\times m$ 阶矩阵 $\boldsymbol{A}$,及一个正整数 w.

询问:存在向量 $\boldsymbol{x}=(x_1,x_2,\cdots,x_n)\in\{0,1\}^n$,$W_H(\boldsymbol{x})\leqslant w$ 使得 $\boldsymbol{xA}=\boldsymbol{0}$ 吗?

虽然子空间重量问题是陪集重量问题的特例,但求解难度却没有降低.

1.3 公钥密码学的概念

1976 年,Diffie 和 Hellman[5] 在"密码学的新方

向”一文中提出了公钥密码的新概念，开创了现代密码学的新领域. 这一领域虽然发展的时间并不长，但投入研究人员之多，他们来自学科之广，发表的论文之众是其他任何一门学科所不能比的. 所以很快便获得了一整套很系统的成果. 这里，我们介绍公钥密码学中的一些基本概念.

1.3.1　公钥密码体制(PKC)

从1.1.1知道，使用传统的密码体制进行秘密通信，显然要求不同用户间应约定不同的密钥. 这样，如果 n 个用户都能够秘密地交换信息，则每个用户将需要 $\frac{n(n-1)}{2}$ 个密钥. 这种巨大的密钥量给密钥的分配与管理带来了极大的困难. 由 Diffie 和 Hellman[5] 提出的公钥密码体制(Public Key Cryptosystem，记为 PKC) 解决了这个问题，他们提出：加密密钥与解密密钥分开，并将加密密钥公开，解密密钥保密. 这样，每个用户拥有两个密钥：公开钥和秘密钥，并且所有公开钥均被记录在类似电话号码薄的密钥本中. 这种密码体制的安全性是从已知的公开钥、加密算法与在信道上截获的密文不能求出明文或秘密钥而得知的.

图1.3是一般公钥密码体制的框图，其中加、解密变换 E_B，D_B 满足如下三个条件：

(1) D_B 是 E_B 的逆变换，即 $\forall m \in M$(明文空间)，均有

$$D_B(c) = D_B(E_B(m)) = m \qquad (1.1)$$

(2) 在已知 B 的公开钥与秘密钥的条件下，E_B 与 D_B 均是多项式时间的确定性算法.

(3) 对 $\forall m \in M$,找到算法 D_B^*,使得 $D_B^*(E_B(m))=m$ 是非常困难的. 这里所谓非常困难是指在现有的资源与算法下,寻找 D_B^* 是不现实的.

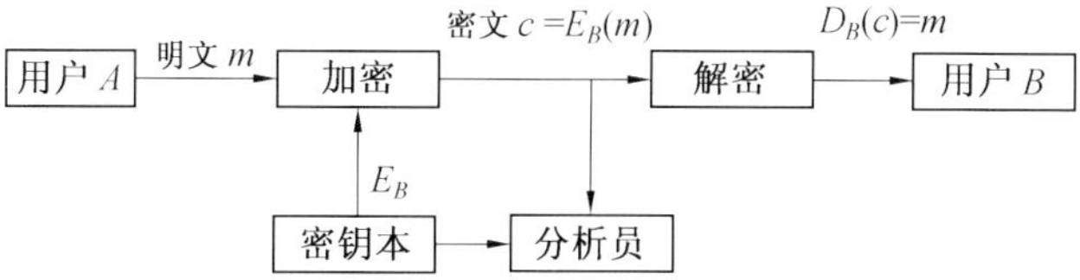

图 1.3　公钥密码体制框图

满足条件(1) ~ (3) 的定义在正整数集 $\mathbb{Z}_{>0}$ 上的数论函数 $E_B(x)$ 称为陷门单向函数. 于是设计 PKC 就变成寻找陷门单向函数. 通常选择 NP 问题或 NPC 问题作为构造 PKC 的数学基础.

1.3.2　数字签名

在进行秘密通信中,怎样才能鉴别收方收到的信息确实是发方所发,且发方可以确认内容没有被收方窜改? 这是一个十分重要的问题. 例如,如果银行收到由计算机网络传来的消息,说用户 A 要提款十万美元,那么银行必须搞清楚这个消息是否真的由 A 发出. 同时,如果 A 在事后否认自己发出过这个消息,银行必须能够在法庭上向法官证明这个消息确实是 A 发出的. 解决这个问题的办法就是实施数字签名.

在 PKC 中,如果加、解密变换 E,D 是可交换的互逆变换,即对 $\forall m \in M$,有 $D(E(m))=E(D(m))=m$,则可以用这样的 PKC 来实现数字签名. 这时的 PKC 称为可用于数字签名的 PKC.

设用户 A 发送一个签了名的明文 m 给用户 B,则操作过程如下:

(1) A 先用自己的秘密钥 D_A 变换 m 得 $s=D_A(m)$;

(2) A 再用用户 B 的公开钥 E_B 对 s 进行变换得到 $E_B(s)=E_B(D_A(m))$,并将 $E_B(s)$ 发送给用户 B;

(3) B 收到 $E_B(s)$ 后,用他的秘密钥 D_B 进行变换得

$$D_B(E_B(s))=s=D_A(m)$$

(4) B 再用 A 的公开钥 E_A 变换 $D_A(m)$ 得

$$E_A(D_A(m))=m$$

这样,用户 B 就收到了由 A 签了名的明文 m. 因为除 A 外,任何人均无法由明文 m 产生 s,所以这样做的结果是:B 确信收到的明文是 A 所发,而 A 也无法否认发送过明文 m.

1.3.3　概率加密体制(PEC)

在 PKC 中,由于加密算法是确定性的,所以如果破译者对某些关键信息(比如股票市场上的“买进”与“卖出”等)感兴趣,则他可事先将这些信息加密后存储起来. 一旦以后截获密文,就可以直接在所存储的密文中进行查找,从而求得相应的明文. 确定性加密算法的这个缺陷使人们想到,是否存在加密算法是非确定性的,即加密是概率的 PKC? 如果这样的 PKC 存在,则将其称为概率加密 PKC,简称概率加密体制(记为 PEC). 1982 年,Goldwasser 与 Micali[6] 提出这个概念并具体地构造了一种 PEC. PEC 的本质是在对明文加密时,可以选择随机参数,即使同一明文,不同的用户由于选择的随机参数不同,所以加密获得的密文是不同的.

1.3.4 (k,n) 门限方案

不论哪种密码体制，解密密钥都是需要严格保密的. 所以，研究秘密钥（简称密钥）的管理就成为一个重要课题. 以往，通常是将要管理的密钥放在特殊警卫的保险柜内，或按照某种方式记在某个人的头脑里. 但这些都是不安全的，例如，保险柜被盗、记住密钥的人突然死亡或叛变等. 为了可靠起见，人们想到将密钥复制成多个副本，存放在不同的保险柜内或计算机中，或者增加掌握密钥的人数，但这样做显然又增加了泄密的可能性. 为了解决这一问题，1979 年，Shamir[7] 提出了(k,n)门限密钥分散管理方案（简称(k,n)门限方案），即将密钥分拆成 n 个子密钥交 n 个人保管，要求在 n 个人中任意 k 个人协同均可恢复密钥，而任意 $k-1$ 个人协同均不能恢复密钥. 可以用条件熵的概念来描述(k,n)门限方案. 设密钥 D 分成 n 个子密钥 D_1，$D_2,\cdots,D_n$，并且满足对任意 k 个不同下标的集合$\{i_1,i_2,\cdots,i_k\}\subseteq\{1,2,\cdots,n\}$均有

$$H(D\mid D_{i_1},D_{i_2},\cdots,D_{i_k})=0$$

$$H(D\mid D_{i_1},D_{i_2},\cdots,D_{i_{k-1}})=H(D)$$

则 $D_1,D_2,\cdots,D_n$ 称为一个(k,n)门限方案. 有时，从实际出发，还考虑附加每个子密钥的长度小于等于主密钥长度的条件，即子密钥没有数据扩展.

1.3.5 2 次密钥方案

所谓 2 次密钥方案[8] 是指：首先利用任意固定的(k_1,n_1)门限方案求出密钥 D 的 n_1 个一次子密钥 $D_1^{(1)},D_2^{(1)},\cdots,D_{n_1}^{(1)}$；再将全体一次子密钥看成一个整

体，分拆成 n 个 2 次子密钥 $D_1^{(2)}, D_2^{(2)}, \cdots, D_n^{(2)}$，要求它们中的任意 k 个可至少恢复一次子密钥中的 k_1 个子密钥，但任意 $k-1$ 个至多可恢复 k_1-1 个一次子密钥. 这样，$D_1^{(2)}, D_2^{(2)}, \cdots, D_n^{(2)}$ 就是一个 2 次密钥方案. 显然，2 次密钥方案满足 (k,n) 门限方案的条件，特别地，当 $k_1=1$ 时，2 次密钥方案就是一个确定的 (k,n) 门限方案. 在 2 次密钥方案中，k_1 与 n_1 可以按需要任意选取，所以增强了设计与使用的灵活性. 又因为每个 (k,n) 门限方案本身均不能鉴别是否有假冒者或蓄意破坏者，所以作为推广的 (k,n) 门限方案——2 次密钥方案是否能弥补这一缺陷呢？我们[8] 引入的有限集合构造理论证明，存在 2 次密钥方案其本身能发现假冒者或蓄意破坏者. 所以，2 次密钥方案除了是 (k,n) 门限方案的推广外，还具有重要的密码学意义.

第2章 RSA 体制及其推广

2.1 预备知识

2.1.1 欧几里得算法

设 $\mathscr{Z}$ 是整数集合，$a,b\in\mathscr{Z}$，$b>0$，则存在唯一的整数对 q,r 使得

$$a=qb+r(0\leqslant r<b) \tag{2.1}$$

当 $r=0$ 时，我们定义 b 整除 a，记为 $b\mid a$；当 $r\neq 0$ 时，则说 b 不整除 a，记为 $b\nmid a$. 通常记 $r=\langle a\rangle_b$，称为 a 被 b 除的最小非负剩余. 如果 $a,b\in\mathscr{Z}_{>0}$，则以 (a,b) 记 a 与 b 的最大公约数. 由式(2.1)显然有 $(a,b)=(b,r)$. 现在

$$\begin{cases} a = q_1 b + r_1, 0 < r_1 < b \\ b = q_2 r_1 + r_2, 0 < r_2 < r_1 \\ r_1 = q_3 r_2 + r_3, 0 < r_3 < r_2 \\ \quad\quad \vdots \\ r_{n-2} = q_n r_{n-1} + r_n, 0 < r_n < r_{n-1} \\ r_{n-1} = q_{n+1} r_n + r_{n+1}, r_{n+1} = 0 \end{cases} \tag{2.2}$$

这里由于 a,b 为有限的正整数，而每除一步余数都是严格减小的，所以经过有限步除法，必能做到余数 $r_{n+1}=0$. 式(2.2)即为欧几里得除法(辗转相除法). 因此，我们容易得到：

定理 2.1　$r_n=(a,b)$.

定义两个递归序列

$$P_0=1, P_1=q_1, P_l=q_l P_{l-1}+P_{l-2}$$

$$Q_0=0, Q_1=1, Q_l=q_l Q_{l-1}+Q_{l-2}$$

由归纳法，一般地有：

定理 2.2

$$Q_l a - P_l b = (-1)^{l-1} r_l (l=1,\cdots,n) \tag{2.3}$$

由定理 2.1 和定理 2.2 推出：

推论 2.1　$\exists x,y \in \mathscr{Z}$，使得

$$(a,b)=ax+by \tag{2.4}$$

上述求(a,b)以及 $x,y\in\mathscr{Z}$ 使式(2.4)成立的过程，称为欧几里得算法. 算法的步数即式(2.2)中欧几里得除法的长度 n 满足[1*, § A.2]：当 $a\geqslant b$ 时 $n\leqslant \log_f a$，这里 $f=(1+\sqrt{5})/2$.

根据整数唯一分解定理，对任意正整数 a,b，可写

$$a=\prod_i p_i^{\alpha_i}, b=\prod_i p_i^{\beta_i}$$

其中诸 p_i 为不同的素数，α_i,β_i 均属于 $\mathscr{Z}_{\geqslant 0}$. 则$(a,b)$可

表达为

$$(a,b)=\prod_i p_i^{\min\{\alpha_i,\beta_i\}} \tag{2.5}$$

以$[a,b]$表示 a 与 b 的最小公倍数，则

$$[a,b]=\prod_i p_i^{\max\{\alpha_i,\beta_i\}} \tag{2.6}$$

由式(2.5),(2.6)知，下面的定理成立.

定理 2.3　$(a,b)[a,b]=ab$.

2.1.2　欧拉定理

设 $\mathscr{Z}$ 是整数集合，$m\in\mathscr{Z}_{>1}$，$\forall a,b\in\mathscr{Z}$，如果 $m\mid a-b$，则说 a,b 对模 m 同余，记为 $a\equiv b(\bmod m)$. 显然，同余关系是等价关系，因此可以用此关系将 $\mathscr{Z}$ 分成 m 个等价类：$[0],[1],\cdots,[m-1]$，其中每个等价类 $[i]$ 中数具有 $mk+i$ 之型. 于是

$$\mathscr{Z}=[0]\cup[1]\cup\cdots\cup[m-1]$$

$$[i]\cap[j]=\varnothing(0\leqslant i\neq j\leqslant m-1)$$

从$[0],[1],\cdots,[m-1]$中分别取一个数作为代表构成一个集合，称为模 m 的一个完全剩余系，并将$\{0,1,\cdots,m-1\}$记为 $\mathscr{Z}_m$，读为模 m 的非负最小完全剩余系；将$\left\{-\left[\frac{m}{2}\right],\cdots,-1,0,1,\cdots,\left[\frac{m}{2}\right]\right\}$称为模 m 的绝对最小完全剩余系，其中[ ]表示整数部分. 在模 m 的完全剩余系中，去掉与 m 不互素的那些数，剩下的部分称为模 m 的简化剩余系. $\mathscr{Z}_m$ 的简化剩余系记为 $\mathscr{Z}_m^*$，读为模 m 的非负最小简化剩余系. 很显然，$\mathscr{Z}_m^*$ 中的元便是不超过 m 并且与 m 互素的那些数，其个数记为 $\varphi(m)$，并称 $\varphi(m)$ 为欧拉函数.

定理 2.4(欧拉定理)　设$(a,m)=1$，则 $a^{\varphi(m)}\equiv$

$1 \pmod m$.

证　设 $\{a_1, a_2, \cdots, a_{\varphi(m)}\}$ 是模 m 的一个简化剩余系，则 $\{aa_1, aa_2, \cdots, aa_{\varphi(m)}\}$ 也是模 m 的一个简化剩余系. 所以

$$\prod_{i=1}^{\varphi(m)} a_i \equiv \prod_{i=1}^{\varphi(m)} (aa_i) \pmod m$$

此即 $a^{\varphi(m)} \equiv 1 \pmod m$. 证毕.

现在我们来计算欧拉函数 $\varphi(m)$. 不妨设 $m = \prod_{i=1}^{n} p_i^{\alpha_i}$，$p_1 < \cdots < p_n$，$\alpha_i \in \mathscr{Z}_{>0}$ $(i=1,\cdots,n)$，我们有：

定理 2.5　$\varphi(m) = m\prod_{i=1}^{n}(1-\frac{1}{p_i})$.

首先我们证明：

引理 2.1　设 $m_1, m_2 \in \mathscr{Z}_{>1}$，$(m_1, m_2)=1$，若 A，B 分别是模 m_1, m_2 的简化剩余系，则 m_2A+m_1B 是模 m_1m_2 的简化剩余系.

证　我们注意到对 $\forall a \in A, \forall b \in B$ 均有

$$(m_2a+m_1b, m_1m_2)=1$$

故如假设 C 是 m_1m_2 的简化剩余系，则 $m_2A+m_1B \subseteq C$. 现在假设 $\forall c \in C$，则 $(c, m_1m_2)=1$，我们来证明 $c \in m_2A+m_1B$. 因为 $(m_1, m_2)=1$，故由推论 2.1 知，$\exists x, y \in \mathscr{Z}$，使 $m_1x+m_2y=1$，因此 $c=m_2a+m_1b$，其中 $a=cy, b=cx$. 由 $(c, m_1m_2)=1$ 知，$(a, m_1)=1$，$(b, m_2)=1$，故 $a \in A, b \in B$. 所以 $c \in m_2A+m_1B$，即 $C \subseteq m_2A+m_1B$. 证毕.

引理 2.2　设 $(m_1, m_2)=1$，则 $\varphi(m_1m_2) = \varphi(m_1)\varphi(m_2)$.

证　由引理 2.1 知，$\varphi(m_1m_2)=|m_2A+m_1B|$. 又

因为,若

$$m_2a_1+m_1b_1\equiv m_2a_2+m_1b_2 \pmod{m_1m_2}$$

则 $a_1\equiv a_2 \pmod{m_1}$,$b_1\equiv b_2 \pmod{m_2}$. 故 $|m_2A+m_1B|=\varphi(m_1)\varphi(m_2)$. 证毕.

定理 2.5 的证明 当 $m=\prod_{i=1}^{n}p_i^{\alpha_i}$,$p_1<\cdots<p_n$ 时,由引理 2.2 知

$$\varphi(m)=\prod_{i=1}^{n}\varphi(p_i^{\alpha_i})$$

故只需求出 $\varphi(p^\alpha)$,这里 p 是素数,$\alpha\in\mathscr{Z}_{>0}$. 在 $\mathscr{Z}_{p^\alpha}$ 中,与 p^α 不互素的数只有

$$p,2p,\cdots,p^{\alpha-1}\cdot p$$

共 $p^{\alpha-1}$ 个,因此 $\mathscr{Z}_{p^\alpha}$ 中的 $p^\alpha-p^{\alpha-1}$ 个数与 p^α 互素,所以

$$\varphi(p^\alpha)=p^\alpha-p^{\alpha-1}=p^\alpha(1-\frac{1}{p})$$

于是

$$\varphi(m)=\prod_{i=1}^{n}p_i^{\alpha_i}(1-\frac{1}{p_i})=m\prod_{i=1}^{n}(1-\frac{1}{p_i})$$

证毕.

定理 2.5 的两个特例是:当 $m=p$ 是一个素数时,$\varphi(p)=p-1$;当 $m=pq$ 是两个素数乘积时,$\varphi(pq)=(p-1)(q-1)$. 当 $m=p$ 是素数时,相应的定理2.4 早为费马(Fermat)得到,所以称此时的定理 2.4 为费马小定理①.

① 这主要是为了区别费马大定理:设 $n>2$,则方程 $x^n+y^n=z^n$ 没有正整数解. 这是著名的数学难题,参阅文献[4*].

2.2　RSA 体制

RSA 体制是 1978 年由 Rivest，Shamir 和 Adleman[9] 提出的第一个公钥密码体制(PKC). 它的安全性是基于大整数分解(已知大整数分解是 NP 问题，见第 1 章 1.2 中的 1.2.3)，而体制的构造是基于欧拉定理(见定理 2.4).

2.2.1　RSA－PKC 构造

每一用户秘密选择两个不同的大素数 p,q(例如均为 100 位的素数)，计算 $n = pq$. 由定理 2.5 知

$$\varphi(n) = (p-1)(q-1)$$

所以很容易选取一个 $e \in \mathscr{Z}$，满足 $1 < e < \varphi(n)$ 且 $(e, \varphi(n)) = 1$. 由欧几里得算法(见 2.1.1)知，只需小于 $2\log_2\varphi(n)$ 的复杂性，即可从 e 与 $\varphi(n)$ 计算出 $d \in \mathscr{Z}$，满足

$$ed \equiv 1(\bmod\ \varphi(n))(1 < d < \varphi(n)) \qquad (2.7)$$

将 e,n 公开作加密密钥，而 d 严格保密作解密密钥(当然 $p,q,\varphi(n)$ 均需严格保密).

设明文空间 $M = \{m \mid 0 < m < n\}$. 对任一明文 m'，若 $m' > n$，则可将 m' 分成若干明文段 $m_i(i=1,\cdots,s)$，使每段 $m_i < n(i=1,\cdots,s)$，即 $m_i \in M(i=1,\cdots,s)$. 所以，不妨将每个 m_i 看成是明文，而 m' 是一个明文序列 $m_1,\cdots,m_s$. 以后，不失一般性总设明文 $m \in M$(对其他的 PKC，相应的明文有与此类似的含义).

对 $\forall m \in M$，由公开钥 e,n，我们可以很容易计算

出

$$\langle m^e \rangle_n \triangleq c \tag{2.8}$$

这里符号$\langle \cdot \rangle_n$表示·模 n 的最小非负剩余(见 2.1.1),c 即为密文.下面我们来证明

$$\langle c^d \rangle_n = m \tag{2.9}$$

首先,当$(m,n)=1$时,由式(2.7),(2.8)及欧拉定理(见定理 2.4)知

$$c^d \equiv m^{ed} = m \cdot (m^{\varphi(n)})^{(ed-1)/\varphi(n)} \equiv m \pmod n$$

故式(2.9)成立.其次,当$(m,n)>1$时,因为$0<m<n$及$n=pq$,故$(m,n)=p$或q,不妨设$(m,n)=p$,所以$(m,q)=1$,因此

$$c^d \equiv m^{ed} \equiv m \cdot (m^{(q-1)})^{(ed-1)/(q-1)} \equiv m \pmod q$$

$$c^d \equiv m^{ed} \equiv m \pmod p$$

由此知 $c^d \equiv m \pmod{pq}$,即式(2.9)成立.

我们知道[11],一个 PKC 可表为

$$\mathrm{PKC} = \langle \boldsymbol{p}, \boldsymbol{s}, \boldsymbol{m}, \boldsymbol{c}, \boldsymbol{D} \rangle$$

其中 $\boldsymbol{p}$,$\boldsymbol{s}$ 分别是 PKC 的公开钥和秘密钥,$\boldsymbol{m}$ 和 $\boldsymbol{c}$ 分别是明文与密文,$\boldsymbol{D}$ 是知道秘密钥时的解密算法.因此,RSA 体制(记为 RSK－PKC)的 $\boldsymbol{p}$,$\boldsymbol{s}$,$\boldsymbol{m}$,$\boldsymbol{c}$,$\boldsymbol{D}$ 分别为:

$\boldsymbol{p}$:e,n.

$\boldsymbol{s}$:d,n.

$\boldsymbol{m}$:$m,0<m<n$.

$\boldsymbol{c}$:$c=\langle m^e \rangle_n$.

$\boldsymbol{D}$:计算$\langle c^d \rangle_n = m$.

在加、解密过程中,主要运算是计算$\langle a^z \rangle_n$.这里给出计算$\langle a^z \rangle_n$的一个快速算法[6*]:

设 $z=(z_{k-1},\cdots,z_1,z_0)\in\{0,1\}^k$,则有

$$a^z = ((\cdots((a^{z_{k-1}})^2 a^{z_{k-2}})^2 \cdots)^2 a^{z_1})^2 a^{z_0}$$

这里所有的计算都在模 n 下进行. 这样,我们可得到 RSA－PKC 的加、解密算法复杂性分别为:

$$\text{加密}\begin{cases} O(t^2),\text{当 } e \text{ 小时} \\ O(t^3),\text{当 } e \text{ 大时} \end{cases};$$

解密 $O(t^3)$,这里 t 是明文比特长.

下面举个示范性的例子,仅用于说明 RSA－PKC 的使用方法.

例 1　设用户 A 选取 $p_A=43$,$q_A=59$,计算 $n_A=43\times 59=2\ 537$,$\varphi(n_A)=42\times 58=2\ 436$.

选取 $e_A=13$,由欧儿里得算法(2.1.1)求出 13 模 2 436 的逆 d_A,即求满足

$$13d_A\equiv 1(\mathrm{mod}\ 2\ 436)(0<d_A<2\ 436)$$

的 d_A,求得 $d_A=937$. 将 $(e_A,n_A)=(13,2\ 537)$ 公开出去,而将 $d_A=937$ 严格保密.

若用户 B 欲将明文 public key encryption 秘密发送给 A,则 B 先将明文转换为数字,转换的方法是:将 26 个英文字母分别用两位十进制数表示,即有表 2.1. 于是,得到一个十进制的数

$$m'=152001110802100424041302172415190814 13$$

表 2.1　英文字母编码表

a	b	c	d	e	f	g	h	i	j	k	l	m
00	01	02	03	04	05	06	07	08	09	10	11	12
n	o	p	q	r	s	t	u	v	w	x	y	z
13	14	15	16	17	18	19	20	21	22	23	24	25

(类似地,利用四位十进制数的电报码可将每个汉字转换为十进制数,例如"保密通信"的电报码是 0202,1378,6639,0207).

将 m' 分成每四个数字一段为

1520,0111,0802,1004,2404,1302,1724

1519,0814,13 26

这里26是添加的. 由于每段均小于 $n_A=2\,537$,故可分别作为明文. 将这些明文代入

$$c=\langle m^{13}\rangle_{2\,537}$$

计算,分别得到密文

0095,1648,1410,1299,1365,1379,2333

2132,1751,1799

读者不妨用 d_A 从这些密文中恢复出明文. 这里加、解密计算应采用快速计算方法,例如,加密时,由于 $13=2^3+2^2+1=(1,1,0,1)\in\{0,1\}^4$,故有

$$c\equiv(((m)^2\cdot m)^2)^2\cdot m \pmod{n_A}$$

即

$$c=\langle\langle\langle\langle\langle m^2\rangle_{n_A}\cdot m\rangle_{n_A}^2\rangle_{n_A}^2\rangle_{n_A}\cdot m\rangle_{n_A}$$

2.2.2 RSA-PKC 的安全性分析

假定已知 e,n 及在信道上截获的密文 c,我们来分析求 m 或 d 的可能的途径.

首先分析求 d 的途径. 已知 e,n,求满足式(2.7)的 d,很自然地想到,如果能计算 $\varphi(n)$,则可求出 d. 但在不附加其他条件的情况下,求 $\varphi(n)$ 与分解 n 是等价的. 因为假如 $\varphi(n)$ 已知,则由 $n=pq$ 及 $\varphi(n)=(p-1)(q-1)$ 知

$$p+q=n-\varphi(n)+1$$

又

$$p-q=\sqrt{(p+q)^2-4pq}=\sqrt{(p+q)^2-4n}$$

故可求出

$$p=\frac{(p+q)+(p-q)}{2},q=\frac{(p+q)-(p-q)}{2}$$

事实上，假设破译者不通过求 $\varphi(n)$ 而直接求出 d，则由式(2.7)知 $ed-1=f\varphi(n)(f\in\mathscr{Z}_{>0})$，此由文献[10]知也有有效方法分解 n. 因此，已知 e,n 求 $\varphi(n)$ 或 d，等价于分解 n.

其次，Simmons 与 Norris 提出了一种求 m 的方法：求出最小正整数 s 使得

$$c^{e^s}\equiv c(\bmod n) \tag{2.10}$$

由 s 计算出

$$\langle c^{e^{s-1}}\rangle_n=m$$

对抗这种破译方法是：选取 p,q,e 同时满足如下条件：

(1) $p=a'p'+1,q=b'q'+1,p'=a''p''+1,q'=b''q''+1$，其中 p',q',p'',q'' 均是 10^{90} 级的大素数；

(2) 若 $e^s\equiv 1(\bmod p'q')$，则 $p''q''\mid s$.

这时，满足式(2.10)最小的正整数 s 将满足 $p''q''\mid s$，故用 Simmons-Norris 方法求出 s，从而求出 m 是非常罕见的.

若对 $0<m<n$ 有 $(m,n)>1$，则显然可分解 n. 但是，在 $\mathscr{Z}_n$ 中与 n 互素的数的个数为 $\varphi(n)=(p-1)(q-1)$，与 n 不互素的数仅有

$$n-\varphi(n)=p+q-1$$

个. 所以，在 $\mathscr{Z}_n$ 中碰到与 n 不互素的数 m 的概率仅为

$$p(m)=\frac{n-\varphi(n)}{n}=\frac{p+q-1}{pq}\approx\frac{1}{p}+\frac{1}{q}$$

当 p,q 均为 100 位的十进制数时，$p(m)$ 仅有 2×10^{-100}.

因此，当 p,q,e 选取满足一些条件后，RSA－PKC

被认为是建立在大整数分解问题上的.

Rivest,Shamir 与 Adleman[9] 用已知的最好算法估计了分解 n 的时间与 n 的位数的关系,见表 2.2. 但当前尚不能证明 RSA 体制的破译问题等价于大整数分解问题.

表 2.2　分解时间与位数的关系

n 的位数	计算机分解操作数	分解时间*
50	1.4×10^{10}	3.9 小时
75	9.0×10^{12}	104 天
100	2.3×10^{15}	74 年
200	1.2×10^{23}	3.8×10^{9} 年
300	1.5×10^{29}	4.9×10^{15} 年
500	1.3×10^{39}	4.2×10^{25} 年

(* 用运算速度为 100 万次 / 秒的计算机分解所需的时间)

2.2.3　RSA－PKC 可用于数字签名

在 RSA－PKC 中,加、解密变换式(2.8)与式(2.9)显然是可交换的. 但是,RSA－PKC 不能直接用于数字签名(第 1 章 1.3 中 1.3.2),因为不同的用户选取模是不同的,而用 RSA－PKC 实现数字签名需要对不同模来实现连续变换. 例如,用户 A 为了给 B 发送一个签名的秘密消息 $m(m<\min\{n_A,n_B\})$,他必须发出

$$c=\langle\langle m^{d_A}\rangle_{n_A}^{e_B}\rangle_{n_B} \tag{2.11}$$

这里 $\{d_A,n_A\}$ 与 $\{e_B,n_B\}$ 分别为 A,B 的秘密钥与公开钥. 如果 $n_A>n_B$,则 $\langle m^{d_A}\rangle_{n_A}$ 的值不一定落在 B 的变换区域 $\mathscr{L}_{n_B}$ 中. 这样,将导致 B 无法恢复明文 m. 解决的办法是:当 $n_A<n_B$ 时,A 发送由式(2.11)计算出来

的 c,B 收到 c 后,以

$$\langle\langle c^{d_B}\rangle_{n_B}^{e_A}\rangle_{n_A}=\langle\langle m^{d_A}\rangle_{n_A}^{e_A}\rangle_{n_A}=m$$

解密. 当 A,B 发生争执时,B 将他解出的明文 m 与 $s=\langle c^{d_B}\rangle_{n_B}=\langle m^{d_A}\rangle_{n_A}$ 交给仲裁者, 由他验证是否有 $\langle s^{e_A}\rangle_{n_A}=m$. 若此式成立,则 B 胜诉;否则 B 败诉.

当 $n_A>n_B$ 时,A 发送

$$c'=\langle\langle m^{e_B}\rangle_{n_B}^{d_A}\rangle_{n_A}$$

B 收到 c' 后,以

$$\langle\langle c'^{e_A}\rangle_{n_A}^{d_B}\rangle_{n_B}=\langle\langle m^{e_B}\rangle_{n_B}^{d_B}\rangle_{n_B}=m$$

解密. 当发生争执时,B 将他收到的密文 c' 和他解密的明文 m 交给仲裁者,仲裁者验证

$$\langle m^{e_B}\rangle_{n_B}=\langle c'^{e_A}\rangle_{n_A}$$

是否成立. 若成立,则 B 胜诉;否则 B 败诉.

2.3　RSA－PKC 的推广

对 RSA－PKC 最直接的推广是将整数环 $\mathscr{Z}$ 换为代数整数环 $\mathscr{Z}[\theta]$(关于环与域的概念参阅第 7 章 7.1).

2.3.1　代数整数环 $\mathscr{Z}[\theta]$

设 θ 是一个 n 次代数数,Q 是有理数域,记

$$Q(\theta)=\{a_0+a_1\theta+\cdots+a_{n-1}\theta^{n-1}\mid a_i\in Q\ (i=0,1,\cdots,n-1)\}$$

易证对通常的复数加法与乘法 $Q(\theta)$ 构成一个域(参阅第 7 章 7.1),称为 n 次代数数域. 对 $\forall\alpha\in Q(\theta)$,则 $\exists a_i\in Q(i=0,1,\cdots,n-1)$,使

$$\alpha=\alpha(\theta)=a_0+a_1\theta+\cdots+a_{n-1}\theta^{n-1}$$

记 $\theta^{(1)}=\theta$，并以 $\theta^{(2)},\cdots,\theta^{(n)}$ 表示 θ 所适合的 n 次不可约多项式的其他 $n-1$ 个根，则称 $\alpha^{(k)}=\alpha(\theta^{(k)})(k=2,\cdots,n)$ 为 α 的共轭. 设 $\alpha_i\in Q(\theta)(i=1,\cdots,n)$，称

$$\Delta(\alpha_1,\cdots,\alpha_n)=\begin{vmatrix}\alpha_1^{(1)} & \cdots & \alpha_n^{(1)}\\ \vdots & & \vdots\\ \alpha_1^{(n)} & \cdots & \alpha_n^{(n)}\end{vmatrix}^2$$

为 $\alpha_1,\cdots,\alpha_n$ 的判别式. 如果 $\alpha_1,\cdots,\alpha_n$ 满足：

(1)$Q(\theta)$ 中任意数 α 均可表示为

$$\alpha=a_1\alpha_1+\cdots+a_n\alpha_n(a_i\in Q,i=1,\cdots,n)$$

(2) 如果 $a_1\alpha_1+\cdots+a_n\alpha_n=0,a_i\in Q(i=1,\cdots,n)$，则 $a_i=0(i=1,\cdots,n)$（此时称 $\alpha_1,\cdots,\alpha_n$ 在 Q 上是线性无关的）. 因此 $\alpha_1,\cdots,\alpha_n$ 称为 $Q(\theta)$ 的一组基底.

以 $\mathscr{Z}[\theta]$ 记域 $Q(\theta)$ 的代数整数环（即由 $Q(\theta)$ 中全体整数构成的环. $Q(\theta)$ 中整数定义为首项系数为 1 的整系数多项式的根），设 $\omega_1,\cdots,\omega_m\in\mathscr{Z}[\theta]$，若 $\forall\omega\in\mathscr{Z}[\theta]$ 皆可表为如下的形状

$$\omega=a_1\omega_1+\cdots+a_m\omega_m(a_i\in\mathscr{Z},i=1,\cdots,m)$$

则称 $\omega_1,\cdots,\omega_m$ 为 $Q(\theta)$ 或 $\mathscr{Z}[\theta]$ 的一组整底. 由于容易证明[7*]：$Q(\theta)$ 的基底 $\alpha_1,\cdots,\alpha_n$ 中，$\alpha_i\in\mathscr{Z}[\theta](i=1,\cdots,n)$ 使 $|\Delta(\alpha_1,\cdots,\alpha_n)|$ 取最小值的那组即为整底，故整底的判别式均相等，整底中所含元素的个数 $m=n$. 称整底的判别式为 $Q(\theta)$ 或 $\mathscr{Z}[\theta]$ 的基数，记为 Δ.

设 $\alpha_i\in\mathscr{Z}[\theta](i=1,\cdots,k)$ 为任给的 k 个整数，称所有形如

$$\eta_1\alpha_1+\cdots+\eta_k\alpha_k(\eta_i\in\mathscr{Z}[\theta],i=1,\cdots,k)$$

的整数（此整数指 $Q(\theta)$ 中的整数，这一节中，为了有所区别，称普通整数为有理整数）所成的集合为由

$\alpha_1,\cdots,\alpha_k$ 生成的理想数，记为$[\alpha_1,\cdots,\alpha_k]$. 设 $A=[\alpha_1,\cdots,\alpha_k]$,$B=[\beta_1,\cdots,\beta_l]$ 为两个理想数，定义 A 与 B 的乘积为

$$AB=[\alpha_1\beta_1,\cdots,\alpha_l\beta_l,\alpha_2\beta_1,\cdots,\alpha_2\beta_l,\cdots,\alpha_k\beta_1,\cdots,\alpha_k\beta_l]$$

设 A,B 是两个理想数，如果存在理想数 C 使得 $A=BC$,则称 B 整除 A,记为$B\mid A$,并称 B 为 A 的因子. 如果理想数的因子只有[1](单位理想数)与本身，则称该理想数为素理想数，以 P 表示.

定理 2.6　如果 P 是 $\mathscr{Z}[\theta]$ 中的素理想数，p 是有理素数，则 $P^2\mid p$ 的充要条件是 $p\mid\Delta$.

这是重要的戴德金(Dedekind)定理.

若 A 为 $\mathscr{Z}[\theta]$ 中的非零理想数，则商环 $\mathscr{Z}[\theta]/A$ 称为模 A 的剩余类环，其乘法群记为 $\mathscr{G}(A)$. 记 $N(A)=|\mathscr{Z}[\theta]/A|$(称为理想数 A 的距),$\varphi(A)=|\mathscr{G}(A)|$,则类似于有理整数环 $\mathscr{Z}$ 上的结果，可有[7*]

$$\varphi(A)=N(A)\prod_{P\mid A}\left(1-\frac{1}{N(P)}\right)\tag{2.12}$$

这是因为，如果$(A_1,B_1)=[1]$(即 A_1,B_1 互素),则 $\varphi(A_1B_1)=\varphi(A_1)\varphi(B_1)$;如果 P 是素理想数，a 是正的有理整数，则在 $\mathscr{G}(P^a)$ 中与 P^a 不互素的数的个数为 $N(P^{a-1})=N(P)^{a-1}$,故

$$\varphi(P^a)=N(P)^a-N(P)^{a-1}=N(P^a)\left(1-\frac{1}{N(P)}\right)$$

由此可导出式(2.12).

定理 2.7　设 $\alpha\in\mathscr{Z}[\theta]$,$(\alpha,A)=1$,则

$$\alpha^{\varphi(A)}\equiv 1\pmod A\tag{2.13}$$

证　设 $\pi_1,\pi_2,\cdots,\pi_{\varphi(A)}$ 是 $\mathscr{G}(A)$ 中的全体模 A 的剩余类，对 $\forall\alpha\in\mathscr{Z}[\theta]$,若$(\alpha,A)=1$,则 $\alpha\pi_1,\alpha\pi_2,\cdots,\alpha\pi_{\varphi(A)}$ 仍是 $\mathscr{G}(A)$ 的全体模 A 的剩余类，所以

$$\alpha^{\varphi(A)}\pi_1\pi_2\cdots\pi_{\varphi(A)} \equiv \pi_1\pi_2\cdots\pi_{\varphi(A)} \pmod A$$

此即式(2.13)成立.证毕.

这里同余定义为:对 $\alpha,\beta\in\mathscr{Z}[\theta]$,若 $A\mid\alpha-\beta$(即 $\alpha-\beta\in A$),则称 α,β 对模 A 同余,记为 $\alpha\equiv\beta \pmod A$.

当 $\theta=\omega(=\frac{-1+\sqrt{-3}}{2})$ 时,环 $\mathscr{Z}[\theta]$ 称为 Eisenstein 环(参阅第 4 章 4.3 中的 4.3.1).在 Eisenstein 环 $\mathscr{Z}[\omega]$ 中,素数是:(1)$1-\omega$ 和它的相伴数;(2)有理素数 $p\equiv 2 \pmod 3$ 及其相伴数;(3)$x+\omega y$,$x+\bar{\omega}y$ 及其相伴数,这里 x,y 满足 $x^2-xy+y^2=p\equiv 1 \pmod 3$ 是有理素数.而且对 $\forall\alpha\in\mathscr{Z}[\omega]$,$\pi$ 是 $\mathscr{Z}[\omega]$ 中的素数,若 $\pi\nmid\alpha$,则 $\alpha^{N(\pi)-1}\equiv 1 \pmod\pi$.我们[11]记 $\phi(\alpha)=(N(\pi_1)-1)(N(\pi_2)-1)$,这里 $\alpha=\pi_1\pi_2$,$\pi_i(i=1,2)$ 都是 $\mathscr{Z}[\omega]$ 上的素数,则对与 α 互素的 $\beta\in\mathscr{Z}[\omega]$,成立

$$\beta^{\phi(\alpha)}\equiv 1 \pmod\alpha \tag{2.14}$$

式(2.13)与式(2.14)均类似于有理整数环 $\mathscr{Z}$ 中的欧拉定理,因此可以用来构造推广的 RSA-PKC.

2.3.2 RSA-PKC 在 $\mathscr{Z}[\theta]$ 中的推广

以 $\mathscr{Z}[\theta]$ 中理想数 A 为模的欧拉定理(见式(2.13))可以构造 $\mathscr{Z}[\theta]$ 上的 RSA-PKC.1986 年,孙琦[12]构造了如下的 PKC:

p:$e,[m]$;这里 m 是大整数,$e\in\mathscr{Z}$ 满足 $1<e<\varphi([m])$, $(e,\varphi([m]))=1$,$\varphi([m])=N([m])\prod\limits_{P\mid[m]}\left(1-\frac{1}{N(P)}\right)$.

s:d,$[m]$;这里 d 满足 $ed \equiv 1 \pmod{\varphi([m])}$,$0 < d < \varphi([m])$.

m:$a_1\omega_1 + \cdots + a_n\omega_n$;这里 $a_1,\cdots,a_n$ 的联结即得十进制明文 $a_1 * \cdots * a_n$($*$ 表联结),且 $0 \leqslant a_i < m(i=1,\cdots,n)$,$\omega_1,\cdots,\omega_n$ 是 $\mathscr{Z}[\theta]$ 的一组整底.

c:$b_1\omega_1 + \cdots + b_n\omega_n = \langle (a_1\omega_1 + \cdots + a_n\omega_n)^e \rangle_{[m]}$;这里 $\langle \cdot \rangle_{[m]}$ 也称为模 $[m]$ 的最小非负剩余,是指 b_i 满足 $0 \leqslant b_i < m(i=1,\cdots,n)$.

D:计算 $\langle (b_1\omega_1 + \cdots + b_n\omega_n)^d \rangle_{[m]} = a_1\omega_1 + \cdots + a_n\omega_n$.

若取 $m = p_1 \cdots p_k$,$p_1,\cdots,p_k$ 是不同的素数,且 $p_i \nmid \Delta(i=1,\cdots,k)$,这里 Δ 为 n 次代数整环 $\mathscr{Z}[\theta]$ 的基数.则由戴德金定理知

$$[m] = [p_1]\cdots[p_k] = P_1 \cdots P_f, N([m]) = N([p_1])\cdots N([p_k]) = m^n$$

其中 $P_i(i=1,\cdots,f)$ 是 $\mathscr{Z}[\theta]$ 中互不相同的素理想.故

$$\varphi([m]) = m^n \prod_{i=1}^{f} \left(1 - \frac{1}{N(P_i)}\right)$$

这种密码体制的安全性讨论与对 RSA－PKC 一样.不同的是,还有一个很诱人的优点,也有一个令人难以接受的缺点.这个优点是:它的安全性似乎比 RSA－PKC 要好,因为分解理想数$[m]$,即使在分解了大整数 m 以后也是十分困难的.但它有一个缺点,这就是理想数$[m]$的选择很困难.鉴于这种情况,我们[11]建议将一般的 $\mathscr{Z}[\theta]$ 换为 Eisenstein 环 $\mathscr{Z}[\omega]$,这样做保留了上述优点,去掉了上述缺点.

设 π_1,π_2 是 $\mathscr{Z}[\omega]$ 上的素数,并且 $N(\pi_i)(i=1,2)$ 很大.由于 $\mathscr{Z}[\omega]$ 中的素数很容易选取,所以,这是很

容易得到的. 记 $\alpha=\pi_1\pi_2$, $\phi(\alpha)=(N(\pi_1)-1)\cdot(N(\pi_2)-1)$. 则Eisenstein环$\mathscr{Z}[\omega]$上的PKC构成如下:

p:e,α,这里e满足$1<e<\phi(\alpha)$,且$(e,\phi(\alpha))=1$.

s:d,α,这里d满足

$$ed\equiv 1(\bmod \phi(\alpha))(0<d<\phi(\alpha))$$

m:$m_1+m_2\omega$,这里m_1,m_2满足$N(m_1+m_2\omega)<N(\alpha)$,$m=m_1*m_2$(即$m_1,m_2$是$m$分成两段的结果).

c:$n_1+n_2\omega=\langle(m_1+m_2\omega)^e\rangle_\alpha$,这里$N(n_1+n_2\omega)<N(\alpha)$,符号$\langle\xi\rangle_\alpha$由$\xi=\alpha\beta+\eta(\beta,\eta\in\mathscr{Z}[\omega])$,$N(\eta)<N(\alpha)$中的$\eta$定义,即$\eta=\langle\xi\rangle_\alpha$.

D:计算$\langle(n_1+n_2\omega)^d\rangle_\alpha=m_1+m_2\omega$.

我们同时给出计算$\langle\xi\rangle_\alpha$的算法[11]. 设$\xi=a+b\omega$,$\alpha=c+d\omega$,这里$\xi,\alpha\in\mathscr{Z}[\omega]$,则求$\langle\xi\rangle_\alpha$可按如下方法进行:

第一步,计算$(a+b\omega)/(c+d\omega)\triangleq A+B\omega$,此处

$$A=\frac{ac-ad+bd}{c^2+cd+d^2},B=\frac{bc-ad}{c^2-cd+d^2}$$

第二步,求$x,y\in\mathscr{Z}$使得$|A-x|\leqslant 1/2$,$|B-y|\leqslant 1/2$.

第三步,计算$\xi-(x+y\omega)\alpha=\langle\xi\rangle_\alpha$即为所求.

关于RSA-PKC在不同整环中的推广,还有一些工作,例如在矩阵环中,有类似的欧拉定理[13]:

定理 2.8　设$n=p_1^{\alpha_1}\cdots p_s^{\alpha_s}$是$s$个不同素数幂的乘积,$m>1$是任意正整数,$r_i$是使$p_i^{r_i}\geqslant m$成立的最小正整数$(i=1,\cdots,s)$. 令$q_i=[p_i^{r_i},p_i^n-1,\cdots,p_i-1]$$(i=1,\cdots,s)$以及$\varphi(n)=[q_1p_1^{\alpha_1-1},\cdots,q_sp_s^{\alpha_s-1}]$. 若$\mathbf{A}$是一个$m\times m$阶整数矩阵,$(\det\mathbf{A},n)=1$,则

$$A^{\varphi(n)} \equiv I \pmod n$$

这里 $\boldsymbol{I}$ 是 n 阶单位阵，并且 $\varphi(n)$ 是使此式成立的最小的正整数.

设 $\mathscr{F}_p$ 是 p（p 是素数）元有限域（参阅第 7 章 7.1），记 $\mathscr{F}_p[x]$ 为 $\mathscr{F}_p$ 上的多项式环，则在 $\mathscr{F}_p[x]$ 中也有类似的欧拉定理[14]：

定理 2.9　设 $g(x)=g_1^{l_1}(x)\cdots g_k^{l_k}(x)\in\mathscr{F}_p[x]$ 是一个 m 次多项式，这里 $l_i\geqslant 1$，$g_i(x)$ 是 $\mathscr{F}_p$ 上的 m_i 次不可约多项式（$i=1,\cdots,k$）. 记

$$\varphi_p(g(x))=p^m\prod_{i=1}^{k}\left(1-\frac{1}{p^{m_i}}\right)$$

则对任何 $u(x)\in\mathscr{F}_p[x]$，只要 $u(x)$ 的次数大于 0 且 $(u(x),g(x))=1$，均成立

$$(u(x))^{\varphi_p(g(x))}\equiv 1 \pmod{g(x)}$$

利用这两个定理可以构造整数矩阵环与有限域上多项式环上的 PSA－PKC，其安全性前者仍然是基于大整数分解，后者则基于 $\mathscr{F}_p[x]$ 中多项式的分解. 关于后者，Berlekamp 给出了一个标准算法（见文献[8*]，pp. 308-317），其算法复杂性是：分解 $\mathscr{F}_p$ 上 n 次多项式的工作量为 $O(pn^3)$. 就给定 p 针对多项式的次数而言，Berlekamp 确实给出了分解 $\mathscr{F}_p$ 上多项式的多项式算法，但当 p 很大（例如 100 位），这个算法没有任何意义. 所以，对于大素数 p，在 $\mathscr{F}_p$ 上可以构作安全性很高的密码体制.

第3章 基于二次剩余理论的 PKC

由于不知道 RSA 体制的安全性是否等价于大整数分解问题，所以，很多人对 RSA 体制都进行了一些修改. 其中重要的工作均是基于二次剩余理论的，例如，Rabin 体制[15]，Williams 体制[16]，Kurosawa，Ito 与 Takeuchi[17] 等. 本章在介绍一些预备知识(3.1) 后，再介绍几种基于二次剩余理论的 PKC，它们均可以看作 RSA 体制的修改或改进.

3.1 预备知识

3.1.1 同余式与孙子定理

设 $m > 1$ 是一个正整数，对于多项

式 $f(x)=a_nx^n+a_{n-1}x^{n-1}+\cdots+a_1x+a_0,a_i\in\mathscr{Z}(i=0,1,\cdots,n)$，如果 $a_n\not\equiv 0(\bmod m)$，则称 $f(x)\equiv 0(\bmod m)$ 为 n 次同余式.最简单的是一次同余式

$$ax\equiv b(\bmod m),a\not\equiv 0(\bmod m) \tag{3.1}$$

显然有

定理 3.1　同余式(3.1)有解的充要条件是 $(a,m)\mid b$.并且如果同余式(3.1)有解,则必有 (a,m) 个解.

由此知,研究同余式(3.1),只要研究 $(a,m)=1$ 的情形就行了.所以一次同余式组不妨设为

$$x\equiv a_i(\bmod m_i)(i=1,\cdots,s;s>1) \tag{3.2}$$

其中 $(m_i,m_j)=1(i\neq j)$.

定理 3.2(孙子定理)　设 $m_1,\cdots,m_s$ 是 s 个两两互素的正整数(即 $(m_i,m_j)=1(i\neq j)$),$m=m_1\cdots m_s=m_iM_i(i=1,\cdots,s)$,则同余式组(3.2)对模 m 有唯一解

$$x\equiv M'_1M_1a_1+\cdots+M'_sM_sa_s(\bmod m) \tag{3.3}$$

其中 M'_i 满足 $M'_iM_i\equiv 1(\bmod m_i)(i=1,\cdots,s)$.

定理3.2的证明是容易的,例如可以验证式(3.3)确为式(3.2)的解.又设 x_1,x_2 为式(3.2)的任两解,则 $x_1\equiv x_2(\bmod m_i)(i=1,\cdots,s)$.由 $(m_i,m_j)=1$ $(i\neq j)$ 知 $x_1\equiv x_2(\bmod m)$,即式(3.2)对模 m 有唯一解.

对于一般的同余式

$$f(x)\equiv 0(\bmod m) \tag{3.4}$$

我们有：

定理 3.3　设 $m_1,\cdots,m_s$ 是 s 个两两互素的正整数,$m=m_1\cdots m_s$,则同余式(3.4)与同余式组

$$f(x)\equiv 0(\bmod m_i)(i=1,\cdots,s) \tag{3.5}$$

等价. 并且我们用 T_i 表示 $f(x)\equiv 0(\bmod m_i)$ 的解数，则式(3.4) 解数 T 满足

$$T=T_1\cdots T_s$$

证 由于 $m_i \mid m(i=1,\cdots,s)$，故式(3.4) 的解必是式(3.5) 的解. 又由孙子定理知，式(3.5) 的解必为式(3.4) 的解. 现设 $f(x)\equiv 0(\bmod m_i)$ 的 T_i 个不同解是

$$x\equiv a_{it_i}(\bmod m_i)(t_i=1,\cdots,T_i)$$

则式(3.5) 对模 m 的解就是同余式组

$$x\equiv a_{it_i}(\bmod m)(i=1,\cdots,s) \tag{3.6}$$

对模 m 的解，其中 $t_i=1,\cdots,T_i(i=1,\cdots,s)$. 由孙子定理知，对给定的一组 $t_1,\cdots,t_s$，式(3.6) 对模 m 恰有一解，故式(3.6) 总共恰有 $T_1\cdots T_s$ 个对模 m 的解. 所以 $T=T_1\cdots T_s$，证毕.

定理 3.3 说明，在求模 m 的同余式(3.4) 的解时，如果知道 m 的标准分解式为 $m=p_1^{\alpha_1}\cdots p_s^{\alpha_s}$，这里 $p_1<\cdots<p_s$ 是素数，$\alpha_i\in\mathscr{L}_{>0}(i=1,\cdots,s)$，则可化为如下的求模 $p_i^{\alpha_i}(i=1,\cdots,s)$ 的同余式组求解

$$f(x)\equiv 0(\bmod p_i^{\alpha_i})(i=1,\cdots,s) \tag{3.7}$$

如果对每个给定的 i，求出了式(3.7) 模 $p_i^{\alpha_i}$ 的 T_i 个解 x_i，则由孙子定理可求出同余式(3.4) 的 $T_1\cdots T_s$ 个解.

现在我们说明，如何从同余式

$$f(x)\equiv 0(\bmod p) \tag{3.8}$$

的解来构作同余式

$$f(x)\equiv 0(\bmod p^{\alpha}) \tag{3.9}$$

的解. 这里 p 为素数，α 是正整数. 设 $x\equiv a_0(\bmod p)$，$0\leqslant a_0<p$，是式(3.8) 的一个解，令 $x=a_0+py$，我们

来求满足 $f(a_0+py)\equiv 0 \pmod{p^2}$ 的 y. 由泰勒(Taylor)公式得

$$f(a_0)+pyf'(a_0)\equiv 0 \pmod{p^2}$$

这里 $f'(x)$ 为 $f(x)$ 的导函数. 显然,如 $p \mid f'(a_0)$,上式说明 a_0 同时是 $f(x)\equiv 0 \pmod{p^2}$ 的解,即 $p\mid y$;如 $p\nmid f'(a_0)$,则由一次同余式可解出 $y \pmod p$. 记 $y\equiv a_1 \pmod p$,$0\leqslant a_1<p$,则

$$x\equiv a_0+a_1p \pmod{p^2}$$

是 $f(x)\equiv 0 \pmod{p^2}$ 的解. 重复上面作法,可得式(3.9)的解为

$$x\equiv a_0+a_1p+\cdots+a_{\alpha-1}p^{\alpha-1} \pmod{p^\alpha}$$

其中 $0\leqslant a_i<p(i=0,1,\cdots,\alpha-1)$. 这一算法是多项式的. 由此可见,在知道模 m 的标准分解式时,解同余式最终化为解模素数 p 的同余式(3.8).

这样,在有限域 $\mathscr{F}_p$ 上,如果分解多项式有有效算法,那么解同余式就有一个有效算法. 但是,对于 p 很大时,分解 $\mathscr{F}_p$ 上的多项式是非常困难的.

定理 3.4　设 p 是素数,$f(x)$ 的次数是 n,则同余式(3.8)的解数不超过 n.

证　设 $f(x)=a_nx^n+\cdots+a_1x+a_0$,$p\nmid a_n$,并设式(3.8)有 $n+1$ 个解 $x\equiv \alpha_i \pmod p(i=1,\cdots,n,n+1)$. 对 $x-\alpha_1$,由辗转相除法

$$f(x)=a_n(x-\alpha_1)f_1(x)+r$$

因为 $f(\alpha_1)\equiv 0 \pmod p$,故上式给出 $p\mid r$,即有

$$f(x)\equiv a_n(x-\alpha_1)f_1(x) \pmod p$$

令 $x=\alpha_2$,则

$$0\equiv f(\alpha_2)\equiv a_n(\alpha_2-\alpha_1)f_1(\alpha_2) \pmod p$$

由于 $p\nmid a_n(\alpha_2-\alpha_1)$,故 $x\equiv \alpha_2 \pmod p$ 是 $f_1(x)\equiv$

$0 \pmod p$ 的根,所以 $f_1(x) \equiv (x-\alpha_2)f_2(x) \pmod p$. 类似地

$$f(x) \equiv a_n(x-\alpha_1)\cdots(x-\alpha_n) \pmod p$$

令 $x \equiv \alpha_{n+1} \pmod p$ 代入上式,则

$$0 \equiv f(\alpha_{n+1}) \equiv a_n(\alpha_{n+1}-\alpha_1)\cdots(\alpha_{n+1}-\alpha_n) \pmod p$$

由此推出 $\alpha_{n+1} \equiv \alpha_j \pmod p$(某 j, $1 \leqslant j \leqslant n$). 这与假设式(3.8)有 $n+1$ 个解矛盾. 证毕.

由费马小定理(见第 2 章 2.1 中的 2.1.2)知,对 $\forall i \in \{1,\cdots,p-1\}$, $x \equiv i \pmod p$ 均是 $x^{p-1}-1 \equiv 0 \pmod p$ 的解,故

$$x^{p-1}-1 \equiv (x-1)\cdots(x-(p-1)) \pmod p$$

令 $x=0$ 推出 Wilson 定理:设 p 是奇素数,则

$$(p-1)!+1 \equiv 0 \pmod p$$

3.1.2 二次剩余理论

根据 3.1.1 的讨论,二次同余式只需要研究模奇素数 p 的情形

$$ax^2+bx+c \equiv 0 \pmod p \quad (p \nmid a)$$

以 $4a$ 乘之得

$$(2ax+b)^2 \equiv b^2-4ac \pmod p$$

所以,不失一般性,只要讨论同余式

$$x^2 \equiv a \pmod p \quad (p \text{ 是奇素数}) \tag{3.10}$$

当 $(a,p)=1$ 时,若式(3.10)有解,则说 a 是模 p 的二次剩余;否则说 a 是模 p 的二次非剩余. 根据费马小定理,对 $\forall a \in \mathscr{Z}$,若 $(a,p)=1$,则 a 是模 p 的二次剩余的充要条件是 $a^{(p-1)/2} \equiv 1 \pmod p$; a 是模 p 的二次非剩余的充要条件是 $a^{(p-1)/2} \equiv -1 \pmod p$. 这就是二次剩余的欧拉判别条件. 据此,勒让德(Legendre)引进了

被称为勒让德符号的判别方法. a 对 p 的勒让德符号记为 $\left(\frac{a}{p}\right)$,其定义是

$$\left(\frac{a}{p}\right)=\begin{cases}1, a \text{ 是模 } p \text{ 的二次剩余}\\ -1, a \text{ 是模 } p \text{ 的二次非剩余}\\ 0, p \mid a\end{cases}$$

显然,由欧拉判别条件,勒让德符号 $\left(\frac{a}{p}\right)$ 满足如下关系

$$\left(\frac{a}{p}\right)\equiv a^{(p-1)/2}\pmod p$$

由此推出

$$\left(\frac{1}{p}\right)=1,\left(\frac{-1}{p}\right)=(-1)^{(p-1)/2},\left(\frac{ab}{p}\right)=\left(\frac{a}{p}\right)\left(\frac{b}{p}\right)$$

以及如果 $a\equiv b\pmod p$,则 $\left(\frac{a}{p}\right)=\left(\frac{b}{p}\right)$.

设 $a=\pm 2^m p_1^{\alpha_1}\cdots p_s^{\alpha_s}$,$2<p_1<\cdots<p_s$ 是素数,则

$$\left(\frac{a}{p}\right)=\left(\frac{\pm 1}{p}\right)\left(\frac{2}{p}\right)^m\left(\frac{p_1}{p}\right)^{\alpha_1}\cdots\left(\frac{p_s}{p}\right)^{\alpha_s}$$

所以求 $\left(\frac{a}{p}\right)$,化为求 $\left(\frac{2}{p}\right)$ 以及对奇素数 q 求 $\left(\frac{q}{p}\right)$.

定理 3.5(高斯(Gauss)引理)　设 p 是奇素数,$(a,p)=1$. 如果 $A=\{\langle a\rangle_p,\langle 2a\rangle_p,\cdots,\langle \frac{p-1}{2}a\rangle_p\}$ 中有 m 个数大于 $\frac{p}{2}$,则

$$\left(\frac{a}{p}\right)=(-1)^m,\text{且 } m\equiv\sum_{k=1}^{(p-1)/2}\left[\frac{ka}{p}\right]+\frac{p^2-1}{8}(a-1)\pmod 2$$

证　先证前一部分. 设 $a_1,\cdots,a_l$ 是 A 中全体小于 $\frac{p}{2}$ 的数,$b_1,\cdots,b_m$ 是 A 中全体大于 $\frac{p}{2}$ 的数,则 $l+m=$

$\frac{p-1}{2}$，并且

$$\prod_{s=1}^{l} a_s \prod_{t=1}^{m} b_l = \prod_{k=1}^{(p-1)/2} \langle ka \rangle_p \equiv a^{(p-1)/2} (\frac{p-1}{2})! \pmod p \tag{3.11}$$

又 $0 < p - b_t < \frac{p}{2}(t=1,\cdots,m)$，且易知 $a_s \not\equiv p - b_t \pmod p$ ($\forall s \in \{1,\cdots,l\}, \forall t \in \{1,\cdots,m\}$)，故 $\{a_1,\cdots,a_l,p-b_1,\cdots,p-b_m\}=\{1,2,\cdots,\frac{p-1}{2}\}$，由此即得

$$\begin{aligned}\left(\frac{p-1}{2}\right)! &= \prod_{s=1}^{l} a_s \prod_{t=1}^{m} (p-b_t) \equiv \\ &(-1)^m \prod_{s=1}^{l} a_s \prod_{t=1}^{m} b_t \pmod p \overset{\text{由式(3.11)}}{=\!=\!=} \\ &(-1)^m a^{(p-1)/2} \left(\frac{p-1}{2}\right)! \pmod p\end{aligned}$$

由此得 $a^{(p-1)/2} \equiv (-1)^m \pmod p$，故 $\left(\frac{a}{p}\right)=(-1)^m$.

再证后一部分. 对 $k \in \{1,2,\cdots,\frac{p-1}{2}\}$，由带余除法得

$$ka = p\left[\frac{ka}{p}\right] + \langle ka \rangle_p$$

故

$$\sum_{k=1}^{(p-1)/2} ka = p \sum_{k=1}^{(p-1)/2} \left[\frac{ka}{p}\right] + \sum_{k=1}^{(p-1)/2} \langle ka \rangle_p$$

此即

$$a \cdot \frac{p^2-1}{8} = p \sum_{k=1}^{(p-1)/2} \left[\frac{ka}{p}\right] + \sum_{s=1}^{l} a_s + \sum_{t=1}^{m} b_t =$$

$$p\sum_{k=1}^{(p-1)/2}\left[\frac{ka}{p}\right]+\left(\sum_{s=1}^{l}a_s+\sum_{t=1}^{m}(p-b_t)\right)-$$

$$\sum_{t=1}^{m}(p-b_t)+\sum_{t=1}^{m}b_t=$$

$$p\sum_{k=1}^{(p-1)/2}\left[\frac{ka}{p}\right]+\frac{p^2-1}{8}-mp+2\sum_{t=1}^{m}b_t$$

由于 p 为奇素数,故对此取模 2 即得所证. 证毕.

定理 3.6　设 p 为奇素数,则 $\left(\frac{2}{p}\right)=(-1)^{\frac{p^2-1}{8}}$.

证　在定理 3.5 中取 $a=2$,则 $\left(\frac{2}{p}\right)=(-1)^m$,且

$$m\equiv\sum_{k=1}^{(p-1)/2}\left[\frac{2k}{p}\right]+\frac{p^2-1}{8}\pmod 2$$

由于对 $1\leqslant k\leqslant\frac{p-1}{2}$,$0<\frac{2k}{p}<1$,故 $\left[\frac{2k}{p}\right]=0$. 所以 $m\equiv\frac{p^2-1}{8}\pmod 2$. 证毕.

定理 3.7(二次互反律)　设 p,q 是不同的奇素数,则有

$$\left(\frac{q}{p}\right)=(-1)^{\frac{p-1}{2}\cdot\frac{q-1}{2}}\left(\frac{p}{q}\right)$$

证　由定理 3.5 知

$$\left(\frac{q}{p}\right)=(-1)^{\sum_{k=1}^{(p-1)/2}\left[\frac{kq}{p}\right]},\left(\frac{p}{q}\right)=(-1)^{\sum_{h=1}^{(q-1)/2}\left[\frac{hp}{q}\right]}$$

故

$$\left(\frac{q}{p}\right)\left(\frac{p}{q}\right)=(-1)^{\sum_{k=1}^{(p-1)/2}\left[\frac{kq}{p}\right]+\sum_{h=1}^{(q-1)/2}\left[\frac{hp}{q}\right]}$$

显然,只要证明

$$\sum_{k=1}^{(p-1)/2}\left[\frac{kq}{p}\right]+\sum_{h=1}^{(q-1)/2}\left[\frac{hp}{q}\right]\equiv\frac{p-1}{2}\cdot\frac{q-1}{2}\pmod 2$$

下面我们来证明上式不仅是模 2 同余,而且恒取等号.

我们考虑$\frac{p-1}{2}\cdot\frac{q-1}{2}$个数

$$hp-kq\left(h=1,\cdots,\frac{q-1}{2};k=1,\cdots,\frac{p-1}{2}\right) \tag{3.12}$$

由于$hp-kq\neq 0$,故考虑$hp-kq>0$的个数.由$hp-kq>0$得$k<\frac{hp}{q}$,故

$$1\leqslant k\leqslant\left[\frac{hp}{q}\right]$$

此说明,对给定的h,有$\left[\frac{hp}{q}\right]$个$k$使得$hp-kq>0$,故(3.12)中共有$\sum_{h=1}^{(q-1)/2}\left[\frac{hp}{q}\right]$个数是正的.同理,(3.12)中共有$\sum_{k=1}^{(p-1)/2}\left[\frac{kq}{p}\right]$个数是负的,于是(3.12)中总共有

$$\sum_{k=1}^{(p-1)/2}\left[\frac{kq}{p}\right]+\sum_{h=1}^{(q-1)/2}\left[\frac{hp}{q}\right]$$

个数,即

$$\sum_{k=1}^{(p-1)/2}\left[\frac{kq}{p}\right]+\sum_{h=1}^{(q-1)/2}\left[\frac{hp}{q}\right]=\frac{p-1}{2}\cdot\frac{q-1}{2}$$

证毕.

对于一般的正奇数m,设$m=p_1\cdots p_s$,$p_i(i=1,\cdots,s)$均是奇素数,则定义雅可比(Jacobi)符号

$$\left(\frac{a}{m}\right)=\left(\frac{a}{p_1}\right)\cdots\left(\frac{a}{p_s}\right)$$

容易证明

$$\left(\frac{1}{m}\right)=1,\left(\frac{-1}{m}\right)=(-1)^{(m-1)/2},\left(\frac{2}{m}\right)=(-1)^{(m^2-1)/8}$$

对任意两个互素的大于1的奇数m,n,有雅可比符号的互反定律

$$\left(\frac{m}{n}\right)=(-1)^{\frac{m-1}{2}\cdot\frac{n-1}{2}}\left(\frac{n}{m}\right)$$

由此可见,雅可比符号与勒让德符号有相似的性质.但是,勒让德符号$\left(\frac{a}{p}\right)$因为$+1$或-1导致a是或不是模p的二次剩余,而雅可比符号则没有这个性质.例如,雅可比符号$\left(\frac{n}{m}\right)=1$,不能说明$x^2\equiv n(\bmod m)$有解.然而,如果雅可比符号$\left(\frac{n}{m}\right)=-1$,则易知同余式$x^2\equiv n(\bmod m)$无解.

3.2　Rabin 体制与 Williams 改进

3.2.1　Rabin 体制

记 PKC 为

$$\mathrm{PKC}=\langle \boldsymbol{p},\boldsymbol{s},\boldsymbol{m},\boldsymbol{c},\boldsymbol{D}\rangle$$

Rabin－PKC 是 1979 年由 Rabin[15] 提出的一个修改的 RSA 体制,它的表述为:

$\boldsymbol{p}$:e,n,这里$0\leqslant e<n$,$n=pq$是两个大素数p,q的乘积,且

$$p\equiv q\equiv 3(\bmod 4)^{①}$$

$\boldsymbol{s}$:p,q.

$\boldsymbol{m}$:m,这里$0<m<n$.

① Rabin 在文献[15]中没有要求$p\equiv q\equiv 3(\bmod 4)$,这是不对的.

c:$c=\langle m(m+e)\rangle_n$,这里符号$\langle\cdot\rangle_n$表模$n$的最小非负剩余(见第 2 章 2.1 中的 2.1.1).

D:解同余式 $m^2+em-c\equiv 0(\bmod n)$,由 3.1.1 知,此可化为

$m^2+em-c\equiv 0(\bmod p)$,$m^2+em-c\equiv 0(\bmod q)$

因此得出

$$(2m+e)^2\equiv e^2+4c(\bmod p)$$

$$(2m+e)^2\equiv e^2+4c(\bmod q)$$

由于 $q\equiv p\equiv 3(\bmod 4)$,$((e^2+4c)^{\frac{p+1}{4}})^2\equiv e^2+4c(\bmod p)$,$((e^2+4c)^{\frac{q+1}{4}})^2\equiv e^2+4c(\bmod q)$,故由定理 3.4 知

$$2m+e\equiv\pm(e^2+4c)^{\frac{p+1}{4}}(\bmod p)$$

$$2m+e\equiv\pm(e^2+4c)^{\frac{q+1}{4}}(\bmod q)$$

由此分别解出 $m\equiv a_1,a_2(\bmod p)$,$m\equiv b_1,b_2(\bmod q)$,再由孙子定理(见定理 3.2),从

$$\begin{cases}m\equiv a_1(\bmod p)\\ m\equiv b_1(\bmod q)\end{cases},\begin{cases}m\equiv a_1(\bmod p)\\ m\equiv b_2(\bmod q)\end{cases}$$

$$\begin{cases}m\equiv a_2(\bmod p)\\ m\equiv b_1(\bmod q)\end{cases},\begin{cases}m\equiv a_2(\bmod p)\\ m\equiv b_2(\bmod q)\end{cases}$$

分别解出一组m满足$0<m<n$,其中一个有确切意义的即为所求的明文 m.

这个解密算法由定理 3.3 及其证明可知其正确性.此外,假定模素数 p 的同余式 $x^2\equiv a(\bmod p)$,$p\nmid a$ 有解,如何求出解来是重要的.当 $p\equiv 3(\bmod 4)$ 时,由$\left(\frac{a}{p}\right)=1$ 知 $a^{\frac{p-1}{2}}\equiv 1(\bmod p)$(见 3.1.1),由此即得

$$(a^{\frac{p+1}{4}})^2\equiv a(\bmod p)$$

得解

$$x \equiv \pm a^{\frac{p+1}{4}} \pmod p$$

当 $p \equiv 5 \pmod 8$ 时，易知解是

$$x \equiv \begin{cases} \pm a^{(p+3)/8} \cdot \left(\frac{p-1}{2}\right)! \pmod p, \\ \text{当 } a^{(p-1)/4} \equiv -1 \pmod p \\ \pm a^{(p+3)/8} \pmod p, \\ \text{当 } a^{(p-1)/4} \equiv 1 \pmod p \end{cases}$$

但当 $p \equiv 1 \pmod 8$ 时，求解是非常困难的. 因此，如果 $p \equiv 1 \pmod 8$ 且 p 为 10^{200} 级的素数，则有限域 $\mathscr{F}_p$ 上多项式 $x^2 - a$ 的分解问题是一极其困难的问题. 由 Berlekamp[8*] 设计的分解有限域 $\mathscr{F}_p$ 上的 n 次多项式的算法复杂性为 $O(pn^3)$（这里 p 可为素数幂）. 如果 $p \geqslant n$，则可将 $\mathscr{F}_p$ 的 p 个元直接代入多项式验算.

下面分析 Rabin－PKC 的安全性. 不妨设 $e=0$，破译密码等价于求解同余式

$$x^2 \equiv a \pmod n \tag{3.13}$$

为此，我们证明：

定理 3.8　设 $n = pq$，$p \equiv q \equiv 3 \pmod 4$，且同余式(3.13)有解，则求解同余式(3.13)与分解 n 等价.

证　假设能求解式(3.13)，由于 $n = pq$，故由定理 3.3 知式(3.13)有四个解 $\pm x_1$，$\pm x_2$，这里 $x_1 \not\equiv x_2 \pmod n$，$0 < x_i < n (i=1,2)$. 由于

$$x_1^2 \equiv x_2^2 \equiv a \pmod n$$

故 $(x_1 - x_2)(x_1 + x_2) \equiv 0 \pmod n$. 由 $0 < x_i < n$ $(i=1,2)$ 知 $(n, x_1 \pm x_2) = p$ 或 q. 因此可以从 n 分解出 p, q.

反之，设能分解 n，则与 Rabin－PKC 的解密算法

类似,易求解同余式(3.13).证毕.

3.2.2 Williams 改进

由定理 3.8 知,Rabin－PKC 的安全性等价于大整数 n 的分解.但是,Rabin－PKC 的解密算法给出四个解,如果明文没有实际意义,则无法决定明文.为此,Williams[16] 于 1980 年进一步修改 Rabin－PKC,提出了能唯一决定明文的 Williams－PKC(也称之为改进的 Rabin 体制),即

$$\text{Williams}-\text{PKC}=\langle \boldsymbol{p},\boldsymbol{s},\boldsymbol{m},\boldsymbol{c},\boldsymbol{D}\rangle$$

这里:

p:n,这里 $n=pq$,$p\equiv q\equiv 3 \pmod 4$ 是两个大素数.

s:p,q.

m:m,这里 $0<m<\frac{n}{2}$,$\left(\frac{m}{n}\right)=1$,符号 $\left(\frac{m}{n}\right)$ 表雅可比符号(见 3.1.2).

c:$c=\langle m^2\rangle_n$.

D:由 p,q,分别解同余式

$$m\equiv c \pmod p$$
$$m^2\equiv c \pmod q$$

从而得同余式 $m^2\equiv c \pmod n$ 的四个解 $m_1,n-m_1,m_2,n-m_2$,这里 $m_1\not\equiv m_2 \pmod n$ 且 $0<m_i<n(i=1,2)$.在这四个解中,有且仅有两个解 m_1^*,m_2^* 满足 $0<m_i^*<\frac{n}{2}(i=1,2)$,即

$$m_i^*=\begin{cases} m_i,\text{当 } 0<m_i<\frac{n}{2} \\ n-m_i,\text{当 } \frac{n}{2}<m_i<n \end{cases} \quad (i=1,2)$$

分别计算雅可比符号$\left(\frac{m_i^*}{n}\right)(i=1,2)$，值为$+1$的那个$m_i^*$即为明文$m$.

这是因为明文m满足$\left(\frac{m}{n}\right)=1\left(0<m<\frac{n}{2}\right)$，并且我们可以证明上述得到的$m_i^*(i=1,2)$满足

$$\left(\frac{m_1^*}{n}\right)=-\left(\frac{m_2^*}{n}\right) \tag{3.14}$$

即$\left(\frac{m_1^*}{n}\right)$与$\left(\frac{m_2^*}{n}\right)$只有一个等于$+1$，因而解密算法 ***D*** 是正确的.

下面我们来证明式(3.14)成立.

由$(m_1^*)^2\equiv(m_2^*)^2\equiv c(\bmod n)$知

$$(m_1^*-m_2^*)(m_1^*+m_2^*)\equiv 0(\bmod pq)$$

由于$0<m_i^*<\frac{n}{2}(i=1,2)$，故上式给出

$$p\mid m_1^*-m_2^*,q\mid m_1^*+m_2^*$$

或

$$p\mid m_1^*+m_2^*,q\mid m_1^*-m_2^*$$

前者给出

$$\left(\frac{m_1^*}{p}\right)=\left(\frac{m_2^*}{p}\right),\left(\frac{m_1^*}{q}\right)=\left(\frac{-m_2^*}{q}\right)=-\left(\frac{m_2^*}{q}\right)$$

后者给出

$$\left(\frac{m_1^*}{p}\right)=\left(\frac{-m_2^*}{p}\right)=-\left(\frac{m_2^*}{p}\right),\left(\frac{m_1^*}{q}\right)=\left(\frac{m_2^*}{q}\right)$$

故得出雅可比符号

$$\left(\frac{m_1^*}{n}\right)=\left(\frac{m_1^*}{p}\right)\left(\frac{m_1^*}{q}\right)=-\left(\frac{m_2^*}{p}\right)\left(\frac{m_2^*}{q}\right)=-\left(\frac{m_2^*}{n}\right)$$

即式(3.14)成立.

例 1　设用户 A 选取$p_A=947,q_A=911$，计算

$n_A=p_Aq_A=862\ 717$，并将 n_A 作为公开钥，而 p_A，q_A 作为秘密钥，严格保密. 用户 B 欲给 A 秘密发送明文 $m=1\ 378$（"密"的电报码），由于显然 $0<m<\frac{n_A}{2}$，且易验证 $\left(\frac{m}{n_A}\right)=1$，故加密得

$$c=\langle m^2\rangle_{n_A}=173\ 450$$

并将 c 从普通信道上发送给 A. A 收到 c 后，先分别解同余式

$$m^2\equiv 173\ 450(\bmod 947),m^2\equiv 173\ 450(\bmod 911)$$

只需分别计算

$$(173\ 450)^{\frac{947+1}{4}}\equiv 149^{237}\equiv 431(\bmod 947)$$

$$(173\ 450)^{\frac{911+1}{4}}\equiv 360^{228}\equiv 467(\bmod 911)$$

故由

$$\begin{cases}m\equiv 431(\bmod 947)\\ m\equiv 467(\bmod 911)\end{cases},\begin{cases}m\equiv 431(\bmod 947)\\ m\equiv -467(\bmod 911)\end{cases}$$

$$\begin{cases}m\equiv -431(\bmod 947)\\ m\equiv -467(\bmod 911)\end{cases},\begin{cases}m\equiv -431(\bmod 947)\\ m\equiv 467(\bmod 911)\end{cases}$$

解出 m 的四个可能值分别为

$$1\ 378,599\ 882,861\ 339,262\ 835$$

（显然，只需解前两个同余式组，后两个的解分别是 $n_A-1\ 378$，$n_A-599\ 882$）. 在这四个 m 值中，有两个满足 $0<m<\frac{n_A}{2}$，即

$$m_1^*=1\ 378,m_2^*=262\ 835$$

经验算

$$\left(\frac{m_1^*}{n_A}\right)=1$$

而

$$\left(\frac{m_2^*}{n_A}\right)=-1$$

故

$$m_1^* = 1\ 378$$

即为 B 发给 A 的明文.

Williams－PKC 与 Rabin－PKC 一样,具有很好的安全性.但是,明文 m 需要满足雅可比符号 $\left(\frac{m}{n}\right)=1$.这是一个很强的条件.在 p,q 几乎相等时,将有几乎一半的明文无法加密.为了说明这个问题,我们首先证明:

定理 3.9　设 p 是奇素数,则模 p 的二次剩余与二次非剩余分别有 $\frac{p-1}{2}$ 个.

证　设 $1\leqslant a\leqslant p-1$ 是模 p 的一个二次剩余,则同余式 $x^2\equiv a \pmod p$ 仅有两解 $x_1, p-x_1$(参阅 3.1.1),其中有且仅有一解在 1 与 $\frac{p-1}{2}$ 之间,不妨设 $1\leqslant x_1\leqslant \frac{p-1}{2}$,这样

$$a=\langle x_1^2\rangle_p \in A=\{1,\langle 2^2\rangle_p,\cdots,\langle \left(\frac{p-1}{2}\right)^2\rangle_p\}$$

另一方面,A 中每个数显然都是模 p 的二次剩余,且 A 中没有两数是相等的,故 A 中 $\frac{p-1}{2}$ 个数是模 p 的全部二次剩余.因此二次非剩余也有 $\frac{p-1}{2}$ 个.证毕.

由雅可比符号的性质(3.1.2)知,$\left(\frac{m}{n}\right)=1$ 等价于 $\left(\frac{m}{p}\right)\cdot\left(\frac{m}{q}\right)=1$,由此知 $\left(\frac{m}{p}\right)=\left(\frac{m}{q}\right)$.此由定理 3.9 知,

在 p 与 q 相差很小时，以 $\frac{1}{2}$ 的概率成立.

因此限制明文 m 满足 $\left(\frac{m}{n}\right)=1$，将有一半的明文无法加密.

3.3 KIT 体制

1988 年，Kurosawa，Ito 与 Takeuchi[17] 进一步修改了 3.2 中的 PKC，提出了 KIT 体制，记为 KIT－PKC＝$\langle \boldsymbol{p},\boldsymbol{s},\boldsymbol{m},\boldsymbol{c},\boldsymbol{D}\rangle$，其中：

$\boldsymbol{p}$：n,e，这里 $n=pq$，$p\equiv q\equiv 3(\mathrm{mod}\ 4)$①是两个大素数，$e$ 满足

$$\left(\frac{e}{p}\right)=\left(\frac{e}{q}\right)=-1$$

$\boldsymbol{s}$：p,q.

$\boldsymbol{m}$：m，这里 $0<m<n,(m,n)=1$.

$\boldsymbol{c}$：(c,s,t)，这里

$$c=\langle m+e\cdot m^{-1}\rangle_n$$

$$s=\begin{cases}0,\left(\frac{m}{n}\right)=1\\1,\left(\frac{m}{n}\right)=-1\end{cases},\quad t=\begin{cases}0,\langle e\cdot m^{-1}\rangle_n>m\\1,\langle e\cdot m^{-1}\rangle_n<m\end{cases}$$

$\boldsymbol{D}$：在 $p\equiv q\equiv 3(\mathrm{mod}\ 4)$ 时，很容易从

$$m^2-cm+e\equiv 0(\mathrm{mod}\ p)\text{ 与 }m^2-cm+e\equiv 0(\mathrm{mod}\ q)$$

解出 $m\equiv a_1,a_2(\mathrm{mod}\ p)$，$m\equiv b_1,b_2(\mathrm{mod}\ q)$. 记由孙

① 在文献[17]中没有要求 $p\equiv q\equiv 3(\mathrm{mod}\ 4)$，这是不对的.

子定理从

$$\begin{cases} m \equiv a_1 \pmod p \\ m \equiv b_1 \pmod q \end{cases}$$

解出的 $m \pmod n$ 为 $\langle a_1, b_1 \rangle$，则我们得到

$$m^2 - cm + e \equiv 0 \pmod n$$

的四个解

$$m_1 = \langle a_1, b_1 \rangle, m_2 = \langle a_2, b_2 \rangle$$

$$m_3 = \langle a_1, b_2 \rangle, m_4 = \langle a_2, b_1 \rangle$$

易知

$$\left(\frac{a_1}{p}\right)\left(\frac{a_2}{p}\right) = \left(\frac{a_1 a_2}{p}\right) = \left(\frac{e}{p}\right) = -1$$

$$\left(\frac{b_1}{q}\right)\left(\frac{b_2}{q}\right) = \left(\frac{b_1 b_2}{q}\right) = \left(\frac{e}{q}\right) = -1$$

所以不妨设 $\left(\frac{a_1}{p}\right)=1, \left(\frac{a_2}{p}\right)=-1, \left(\frac{b_1}{q}\right)=1, \left(\frac{b_2}{q}\right)=-1$，此时

$$\left(\frac{m_1}{n}\right) = \left(\frac{m_1}{p}\right)\left(\frac{m_1}{q}\right) = \left(\frac{a_1}{p}\right)\left(\frac{b_1}{q}\right) = 1, \left(\frac{m_2}{n}\right) = 1$$

$$\left(\frac{m_3}{n}\right) = \left(\frac{m_4}{n}\right) = -1$$

因此

$$m = \begin{cases} m_1 \text{ 或 } m_2, \text{若 } s = 0 \\ m_3 \text{ 或 } m_4, \text{若 } s = 1 \end{cases}$$

假设 $s = 0$，由

$$m_1 m_2 = \langle a_1 a_2, b_1 b_2 \rangle = \langle e, e \rangle \equiv e \pmod n$$

知 $m_2 = \langle e m_1^{-1} \rangle_n, m_1 = \langle e m_2^{-1} \rangle_n$. 于是

$$m = \begin{cases} \min\{m_1, m_2\}, \text{若 } t = 0 \\ \max\{m_1, m_2\}, \text{若 } t = 1 \end{cases}$$

假设 $s = 1$，则同理有

$$m=\begin{cases}\min\{m_3,m_4\},若\ t=0\\ \max\{m_3,m_4\},若\ t=1\end{cases}$$

这样,明文 m 被唯一确定.

下面举一个示意性的例子,说明 KIT－PKC 的运用.

例 2 设用户 A 选取素数 p_A,q_A 为 $p_A=47,q_A=59$,计算 $n_A=p_Aq_A=2\ 773$.另外,显然有 $e_A=-3$ 满足 $\left(\frac{-3}{47}\right)=\left(\frac{-3}{59}\right)=-1$,故将 (n_A,e_A) 公开出去,而将 p_A,q_A 严格保密.

用户 B 欲将明文 $m=210$ 秘密发送给 A,则 B 用 A 公开的 (n_A,e_A) 计算 $\langle 210^{-1}\rangle_{2\ 773}=1\ 096$,故算出

$$c=\langle 210+(-3)\cdot 210^{-1}\rangle_{2\ 773}=2\ 468$$

$$\left(\frac{210}{n_A}\right)=\left(\frac{210}{2\ 773}\right)=\left(\frac{2}{2\ 773}\right)\left(\frac{3}{2\ 773}\right)\left(\frac{5}{2\ 773}\right)\left(\frac{7}{2\ 773}\right)=$$
$$(-1)\cdot 1\cdot(-1)\cdot 1=1$$

$$\langle(-3)\cdot 210^{-1}\rangle_{2\ 773}=\langle(-3)\cdot 1\ 096\rangle_{2\ 773}=2\ 258$$

因此 B 将

$$(c,s,t)=(2\ 468,0,0)$$

发送给 A,A 收到 (c,s,t) 后,首先分别解同余式

$$m^2-2\ 468m-3\equiv 0(\bmod 47)$$
$$m^2-2\ 468m-3\equiv 0(\bmod 59)$$

得解 $m\equiv 2,22(\bmod 47)$,$m\equiv 16,33(\bmod 59)$.由于

$$\left(\frac{2}{47}\right)=1,\left(\frac{22}{47}\right)=-1,\left(\frac{16}{59}\right)=1,\left(\frac{33}{59}\right)=-1$$

故由 $s=t=0$ 知,只需分别解同余式组

$$\begin{cases}m_1\equiv 2(\bmod 47)\\ m_1\equiv 16(\bmod 59)\end{cases},\begin{cases}m_2\equiv 22(\bmod 47)\\ m_2\equiv 33(\bmod 59)\end{cases}$$

并取 m_1,m_2 中最小的一个即为明文.由于 $m_1=2\ 258$,

$m_2 = 210$，故明文

$$m = \min\{m_1, m_2\} = m_2 = 210$$

定理 3.10　假设 KIT－PKC 存在一个多项式时间算法从任意密文找到明文，则存在一个多项式时间算法以 $\frac{1}{4}$ 概率分解 $n = pq$.

证　设 $0 < e < n$，e 以 $\frac{1}{4}$ 概率满足 $\left(\frac{e}{p}\right) = \left(\frac{e}{q}\right) = -1$. 设 n, e 是 KIT－PKC 的一个公开钥，已知 m 是任意明文，计算出 m'

$$m \xrightarrow{\text{加密}} (c, s, t) \rightarrow (c, \bar{s}, t) \xrightarrow{\text{解密}} m'$$

这里 $\bar{s} \equiv s + 1 \pmod 2$. 设 $m \equiv \langle f_1, g_1 \rangle$，因为 $\bar{s} \equiv s + 1 \pmod 2$，所以 $m' = \langle f_1, g_2 \rangle$ 或 $\langle f_2, g_1 \rangle$. 考虑 $m' = \langle f_1, g_2 \rangle$ 情形，则

$$m - m' = \langle f_1, g_1 \rangle - \langle f_1, g_2 \rangle = \langle 0, g_1 - g_2 \rangle$$

由于 $g_1 - g_2 \not\equiv 0 \pmod q$，即 $m - m' \equiv 0 \pmod p$，$m - m' \not\equiv 0 \pmod q$，因此 $(m - m', n) = p$. 同理可证明 $m' = \langle f_2, g_1 \rangle$ 的情形. 这个过程的计算复杂性显然是 $\log n$ 的多项式. 故得证.

设 t 是明文比特长，则 Rabin－PKC，KIT－PKC 的加、解密计算复杂性相同，即加密、解密时间复杂性分别为 $O(t^2)$ 与 $O(t^3)$，其中加密算法比 RSA－PKC 稍快.

第4章 概率体制(PEC)

1982年,Goldwasser与Micali[6]提出了概率加密公钥密码体制(简称概率加密体制(PEC)或概率体制,具体定义见第1章1.3中的1.3.3).这种体制有力地对抗了用存储密文的方法破译PKC,而且有些PEC还具有多项式安全性.所谓多项式安全性,通俗地讲,一个PEC是多项式安全的,是指在已知c是两个给定的明文m_1或m_2之一的密文条件下,用任何多项式时间的概率算法来判断c是由其中的哪一个明文加密而得的密文,与用抛币的方法来猜测相比较,其正确的概率"几乎"一样.

本章介绍GM－PEC及其各种改进、推广形式[18-21],最后介绍PEC的递归实现问题与构作 PEC 的一般方法[22]. 背包型的 PEC 将放在第 6 章予以介绍.

4.1　GM－PEC 与强数字签名

我们称由 Goldwasser 与 Micali[6] 提出的 PEC 为 GM－PEC,这种体制仍可表为[18]

$$\text{GM}-\text{PEC}=\langle \boldsymbol{p},\boldsymbol{s},\boldsymbol{m},\boldsymbol{c},\boldsymbol{D}\rangle$$

其中:

$\boldsymbol{p}$:n,a,这里 $n=pq$ 是两个大素数的乘积,a 满足 $\left(\frac{a}{m}\right)=1,\left(\frac{a}{p}\right)=-1$.

$\boldsymbol{s}$:p,q.

$\boldsymbol{m}$:$m=(a_1,\cdots,a_s)\in\{0,1\}^s$.

$\boldsymbol{c}$:$c=(E(b_1),\cdots,E(b_s))\in\mathscr{Z}_n^s$,其中 $b_i\in\mathscr{Z}_n^*(i=1,\cdots,s)$ 是随机选取的,$\mathscr{Z}_n^*$ 表 $\mathscr{Z}_n$ 的简化剩余系(见第 2 章 2.1 中的 2.1.2),$E(b_i)$ 定义如下

$$E(b_i)=\begin{cases}\langle ab_i^2\rangle_n,当\ a_i=1\\ \langle b_i^2\rangle_n,当\ a_i=0\end{cases}$$

$\boldsymbol{D}$:对 $i=1,\cdots,s$,计算 $\left(\frac{E(b_i)}{p}\right)\triangleq\delta_i$,则 $a_i=\frac{1-\delta_i}{2}(i=1,\cdots,s)$.

在这个体制中,因为在加密时使用一组随机选取的正整数 $b_i(i=1,\cdots,s)$,所以密文 c 的获得是概率的.

GM－PEC 的安全性是基于二次剩余假设. 所谓二次剩余假设,是指不知道 n 的素因子时,判别一个数 b 是合数模 n 的二次剩余,还是二次非剩余是困难的.

当知道 n 的素因子时，这个问题很容易解决(见第 3 章 3.1 中的 3.1.2)，但当 n 的素因子未知时，判断一个数 b 是否是模 n 的二次剩余相当于判别丢番图方程

$$ax^2 + ny = b$$

或
$$x^2 + ny = b$$

是否存在整数解，其中 $x \in \{b_1, \cdots, b_s\}, b \in \{E(b_1), \cdots, E(b_s)\}$. 已知二元二次丢番图方程解的判别问题是 NPC 问题(见第 1 章 1.1 中的 1.2.3)，所以二次剩余假设被认为是很难的问题，但它不比大整数分解困难.

在二次剩余假设下，GM－PEC 有以下的优点：加密算法是概率性的，在加密时使用理想抛币的思想，因此密文不仅依赖于明文，而且依赖于一系列理想抛币的结果. 所谓理想抛币，是 A 和 B 双方之间的一种公约，用来判定抛币后的结果，其中抛出"正面"与"反面"的机会是均等的. 例如，在 GM－PEC 中，每一比特明文可有多种可能的密文与之对应，而要判断 $E(b_i)$ 是模 n 的二次剩余或二次非剩余，也即已知 $E(b_i)$ 问 a_i 是 1 还是 0，就几乎与理想抛币公约中猜每次抛币的正反面一样. 严格地说，假定明文空间有一个伴随的概率分布，该分布有一个容易计算的谓词 P，P 为真时的概率是 p. 不失一般性，设 $p \geq 0.5$，则在假定二次剩余假设成立时，我们有[6]：破译者不能以 $p + \varepsilon$ 的概率猜出明文是否满足 P，此处 ε 是一个不可忽略的正实数. 这意味着，破译者不可能由密文获得关于明文的部分信息. 然而，在知道秘密钥时，却很容易由密文唯一确定明文.

但是，GM－PEC 的密文扩张率太大. 所谓密文扩

张率是指密文与明文长度之比. 在 GM－PEC 中,当明文为 t 比特时,则密文为 kt 比特,k 为体制的规模参数. 所以密文扩张率为 k,而为了安全,k 通常很大(例如在 GM－PEC 中 $k \approx 664$). 这在现实中是无法容忍的.

我们后面将讨论这类体制的递归实现问题. 例如[22-23],采用递归方法实现这类概率体制可使密文扩张率降至 $1+\frac{k}{t}$(参阅 4.4).

GM－PEC 的多项式安全性与概率性加密算法的优点还被进一步用来讨论数字签名. Goldwasser, Micali 和 Yao[75] 发现,确定性 PKC 用于数字签名存在着类似确定性 PKC 本身的一些缺点,例如:

(1)PKC 中的解密变换虽然难以得到,但对某些特殊形式的信息空间却可能容易得到.

(2) 即使不能得到解密变换,伪造签名者也可以生成签名的随机数.

(3) 给出多项式个签名的消息,存在着伪造一条新的签名消息的可能性.

RSA－PKC 与 Rabin－PKC 用于数字签名(第 2 章 2.2 中的 2.2.3 与第 3 章 3.2 中的3.2.1) 均有上述缺陷. 为此,Goldwasser, Micali 与 Yao[75] 提出了克服上述缺陷的强数字签名方案(记为 GMY 强数字签名方案). 所谓强数字签名,是指签名算法对明文的每一比特均进行了签名. 下面介绍 GMY 强数字签名方案.

(1) 方案设计

第一步, 选两个大素数 p, q 满足 $p \equiv q \equiv 3 \pmod 4$,并计算 $n = qp$.

第二步,随机选取 $a \in \mathbb{Z}_n^*$ 使雅可比符号 $\left(\frac{a}{n}\right)=$

-1.

第三步，随机选取 $x_0 \in \mathscr{Z}_n^*$.

则 n,a,x_0 作为公开钥，而将 p,q 严格保密，作为秘密钥.

(2) 方案实现

设用户 A 的公开钥与秘密钥分别是 (n_A,a_A,x_0) 与 (p_A,q_A)，再设用户 A 欲对消息 $m=(b_1,b_2,\cdots,b_k)\in\{0,1\}^k$ 签名，则 A 首先确定 $\pm x_0$，$\pm x_0 a_A$ 中为模 n_A 的二次剩余者. 我们来证明：对 $\forall x_0\in\mathscr{Z}_{n_A}^*$，$\pm x_0$，$\pm x_0 a_A$ 中必有且仅有一个是模 n_A 的二次剩余. 这是因为，若 $\left(\frac{x_0}{p_A}\right)=1$，$\left(\frac{x_0}{q_A}\right)=1$，则 x_0 即为二次剩余. 否则有两种情况：

1) $\left(\frac{x_0}{p_A}\right)=-1$，$\left(\frac{x_0}{q_A}\right)=-1$. 由于 $p_A\equiv q_A\equiv 3\pmod 4$，故 $\left(\frac{-x_0}{p_A}\right)=1$，$\left(\frac{-x_0}{q_A}\right)=1$，即 $-x_0$ 为模 n_A 的二次剩余.

2) $\left(\frac{x_0}{p_A}\right)=1$，$\left(\frac{x_0}{q_A}\right)=-1$，或 $\left(\frac{x_0}{p_A}\right)=-1$，$\left(\frac{x_0}{q_A}\right)=1$. 不妨设 $\left(\frac{x_0}{p_A}\right)=1$，$\left(\frac{x_0}{q_A}\right)=-1$，由 $\left(\frac{a_A}{n_A}\right)=-1$ 知 $\left(\frac{a_A}{p_A}\right)=-\left(\frac{a_A}{q_A}\right)$，故 $\left(\frac{a_A}{p_A}\right)=1$，$\left(\frac{a_A}{q_A}\right)=-1$ 或 $\left(\frac{a_A}{p_A}\right)=-1$，$\left(\frac{a_A}{q_A}\right)=1$. 前者给出

$$\left(\frac{x_0 a_A}{p_A}\right)=1,\left(\frac{x_0 a_A}{q_A}\right)=1$$

后者给出

$$\left(\frac{-x_0 a_A}{p_A}\right)=1,\left(\frac{-x_0 a_A}{q_A}\right)=1$$

于是,用这个证明过程的方法,A 可确定出 $\pm x_0$, $\pm x_0 a_A$ 中为模 n_A 的二次剩余者,记为 c_0. 然后,A 解同余式

$$x^2 \equiv c_0 \pmod{n_A}$$

求出其中两个小于$\frac{n_A}{2}$的正解 x_1^*, x_1^{**},这两个解满足(见第 3 章 3.2 中的 3.2.2)

$$\left(\frac{x_1^*}{n_A}\right) = -\left(\frac{x_1^{**}}{n_A}\right)$$

不妨设$\left(\frac{x_1^*}{n_A}\right)=1$, $\left(\frac{x_1^{**}}{n_A}\right)=-1$,于是令

$$x_1 = \begin{cases} x_1^*, & \text{当 } b_1 = 0 \\ x_1^{**}, & \text{当 } b_1 = 1 \end{cases}$$

将 x_1 看作 x_0,重复前面做法,由 b_2 可得到 x_2. 这个手续一直做下去,直至求出 x_k.

这样,A 就得到签名消息(m, x_k)(即将 m 与 x_k 一道作为签名消息).

其他用户用 A 的公开钥通过计算模 n_A 的雅可比符号与平方来验证签名:由 $m=(b_1, b_2, \cdots, b_k) \in \{0, 1\}^k$ 与 x_k 验证

$$\frac{1-\left(\frac{x_k}{n_A}\right)}{2} = b_k$$

是否成立. 若不成立,则 x_k 不是 A 的签名;若成立,则计算

$$\langle x_k^2 \rangle_n \triangleq c_k$$

并依据 b_{k-1},从

$$\left(\frac{x_{k-1}}{n_A}\right) = 1 - 2b_{k-1}$$

得知 $x_{k-1} \in \{\pm c_k\}$ 或$\{\pm a_A^{-1} c_k\}$ 之一.再计算

$$\langle x_{k-1}^2 \rangle_{n_A} \triangleq c_{k-1}$$

重复这个过程,直至推出 $x_1 \in \{\pm x_0\}$ 或 $x_1 \in \{\pm a_A^{-1} x_0\}$ 之一,并由 A 公开的 x_0 做进一步验证.

在这个过程中,由于除了 A 谁也不知道 n_A 的两个素数因子 p_A, q_A,所以,由 x_0, a_A 谁也得不出 $x_1, \cdots, x_k$,故 A 无法否认 m 是他所发;而任何用户也无法对 m 进行窜改,因为窜改后,任何一个用户都可以验证不是由 A 发出的.

我们注意到,利用 1982 年 L. Blum,M. Blum 和 M. Shub[76] 提出的递归加密方法(另一种形式见4.4),上述签名方案还可以对明文 m 提供加密.例如,用户 A 欲将签名消息(m, x_k) 发送给用户 B,设

$$x_k = sn_B + r \ (0 \leqslant r < n_B)$$

则令 $y_0 = r$,计算

$$y_i = \langle y_{i-1}^2 \rangle_{n_B} (i = 1, \cdots, k, k+1)$$

设 $d_i = \langle y_i \rangle_2 (i = 1, \cdots, k)$,则密文为

$$c = (m \oplus d, y_{k+1}, s)$$

这里 $d = (d_1, \cdots, d_k) \in \{0, 1\}^k$,$m \oplus d$ 表示按位模 2 加(例如$(1,0,1) \oplus (1,0,0) = (1 \oplus 1, 0 \oplus 0, 1 \oplus 0) = (0, 0, 1)$).$B$ 收到密文 c 后,用只有他自己知道的 p_B,q_B(这里 $p_B \equiv q_B \equiv 3 \pmod 4$)解密,并验签.首先,由 y_{k+1} 解同余式

$$x^2 \equiv y_{k+1} \pmod{n_B}$$

得四个解 $\pm x_1, \pm x_2$,这里 $x_1 \not\equiv x_2 \pmod{n_B}$ 且 $0 < x_1, x_2 < n_B$.显然,在四个解中有且仅有一个 x^* 使得

$$\left(\frac{x^*}{p_B}\right) = \left(\frac{x^*}{q_B}\right) = 1$$

故 $y_k = x^*$. 由此依次解出 $y_{k-1},\cdots,y_2,y_1$,因而求得 $d_i(i=1,\cdots,k)$,故

$$m = (m \oplus d) \oplus d$$

另由 $y_1 \equiv y_0^2 (\mathrm{mod}\ n_B)$ 解出四个 y_0,由 $sn_B + y_0 = x_k$ 及 m 进行验签.

4.2　k 次剩余－PEC

k 次剩余均是对给定的模 n 定义的. 整数 a 是模 n 的 k 次剩余是指:同余式

$$x^k \equiv a(\mathrm{mod}\ n),(a,n)=1 \tag{4.1}$$

有解. 相应地,如果同余式(4.1)无解,则说 a 是模 n 的 k 次非剩余.

定理 4.1　设 p 是素数,$n=p^a$ 或 $2p^a$,则 a 为模 n 的 k 次剩余的充要条件是 $a^{\varphi(n)/(k,\varphi(n))} \equiv 1(\mathrm{mod}\ n)$,这里 $\varphi(n)$ 为欧拉函数(见第 2 章 2.1 中的 2.1.2).

证　设 a 为模 n 的 k 次剩余,即 $\exists x \in \mathscr{Z}_n$,使得式(4.1)成立,则由式(4.1)得

$$a^{\varphi(n)/(k,\varphi(n))} \equiv (x^{k/(k,\varphi(n))})^{\varphi(n)} \equiv 1(\mathrm{mod}\ n)$$

这里用到第 2 章 2.1 中的 2.1.2 的欧拉定理.

反之,如果 $a^{\varphi(n)/(k,\varphi(n))} \equiv 1(\mathrm{mod}\ n)$,则对 $\forall a \in \mathscr{Z},(a,n)=1$,均 $\exists b \in \mathscr{Z}$ 使得 $g^b \equiv a(\mathrm{mod}\ n)$,这里 g 满足使 $g^l \equiv 1(\mathrm{mod}\ n)$ 成立的最小正整数 l 为 n 的欧拉函数 $\varphi(n)$(这样的 g 称为模 n 的原根,参阅第 8 章 8.1 中的 8.1.2). 于是

$$1 \equiv a^{\varphi(n)/(k,\varphi(n))} \equiv g^{b\varphi(n)/(k,\varphi(n))}(\mathrm{mod}\ n)$$

由此知 $b\varphi(n)/(k,\varphi(n)) \equiv 0(\mathrm{mod}\ \varphi(n))$, 即 $(k,$

$\varphi(n)) \mid b$. 这说明 $\exists y \in \mathbb{Z}_{\varphi(n)}$ 使得

$$ky \equiv b(\mathrm{mod}\ \varphi(n))$$

成立，所以由 $g^b \equiv a(\mathrm{mod}\ n)$ 得

$$a \equiv g^b \equiv (g^y)^k(\mathrm{mod}\ n)$$

此即 a 是模 n 的 k 次剩余. 证毕.

由定理 4.1 知，a 为模一个奇素数 p 的 k 次剩余的充要条件是 $a^{(p-1)/(k,p-1)} \equiv 1(\mathrm{mod}\ p)$. 设奇素数 $p = kp_1 + 1, k > 1$，定义 a 对模 p 的 k 次剩余符号 $\left(\frac{a}{p}\right)_k$ 为

$$\left(\frac{a}{p}\right)_k = (a^{p_1})_p$$

这里符号 $(\cdot)_p$ 表模 p 的绝对最小剩余. 如果 $n = pq$ 是两个素数的积，$p \equiv q \equiv 1(\mathrm{mod}\ k)$，则定义合数模 n 的 k 次剩余符号

$$\left(\frac{a}{n}\right)_k = \left(\left(\frac{a}{p}\right)_k\left(\frac{a}{q}\right)_k\right)_n$$

1988 年，我们[18] 构作了第一类 k 次剩余－PEC，具体的 $\boldsymbol{p},\boldsymbol{s},\boldsymbol{m},\boldsymbol{c},\boldsymbol{D}$ 设计如下：

$\boldsymbol{p}$：n,a，这里 $n = pq$ 是两个大素数之积，$p \equiv q \equiv 1(\mathrm{mod}\ k)$，$k > 1$ 为某个固定的正整数，且 $k \ll \min\{p,q\}$；a 满足 $\left(\frac{q}{p}\right)_k \neq 1$，但 $\left(\frac{a}{n}\right)_k = 1$(后者可以不要).

$\boldsymbol{s}$：p,q.

$\boldsymbol{m}$：$m = (a_1,\cdots,a_s) \in \{0,1\}^s$.

$\boldsymbol{c}$：$c = (E(b_1),\cdots,E(b_s)) \in \mathbb{Z}_n^s$，这里 $b_1,\cdots,b_s \in \mathbb{Z}_n^*$ 是任选的随机数，$E(b_i)$ 定义如下

$$E(b_i) = \begin{cases} \langle b_i^k \rangle_n, 当\ a_i = 0 \\ \langle ab_i^k \rangle_n, 当\ a_i = 1 \end{cases}$$

D:对 $i=1,\cdots,s$,计算 $\left(\frac{E(b_i)}{p}\right)_k \triangleq \delta_i$,则当 $\delta_i=1$ 时 $a_i=0$;否则 $a_i=1$.

易知,k 次剩余—PEC 的安全性是基于 k 次剩余假设的.

1989 年,我们[19,21]进一步构作了第二类的 k 次剩余－PEC,即有:

设 p,q 是大素数,$p\equiv 1(\bmod k)$. 由于对所有不同的 $a\in\mathscr{Z}_p$,$\left(\frac{a}{p}\right)_k$ 共有 k 个不同的值(其中有且仅有一个的值为 1),故在 $\mathscr{Z}_p$ 中可取 $d(1<d\leqslant k)$ 个不同的数 $a_0,a_1,\cdots,a_{d-1}$ 使得

$$\left(\frac{a_i}{p}\right)_k \neq \left(\frac{a_j}{p}\right)_k (i\neq j)$$

而且当 $1<d<k$ 时,我们不可以选上述诸 a_i 满足 $\left(\frac{a_i}{p}\right)_k \neq 1(i=0,1,\cdots,d-1)$. 于是第二类 k 次剩余－PEC 构成如下:

p:向量 $(a_0,a_1,\cdots,a_{d-1}),k,n$,这里 $n=pq$ 是两个大素数的乘积.

s:p,q.

m:$m=(b_0,b_1,\cdots,b_{t-1})\in\mathscr{Z}_d^t$.

c:$c=(E(x_0),E(x_1),\cdots,E(x_{t-1}))\in\mathscr{Z}_n^t$,这里 $x_i\in\mathscr{Z}_n^*(i=0,1,\cdots,t-1)$ 是一组随机选取的正整数,$E(x_i)$ 定义为

$$E(x_i)=\begin{cases}\langle a_0 x_i^k\rangle_n, 当 b_i=0\\ \langle a_1 x_i^k\rangle_n, 当 b_i=1\\ \vdots\\ \langle a_{d-1} x_i^k\rangle_n, 当 b_i=d-1\end{cases}$$

D:对 $i=0,1,\cdots,d-1$,计算 $\left(\frac{E(x_i)}{p}\right)_k \triangleq \delta_i$. 记 $\left(\frac{a_j}{p}\right)_k = c_j (j=0,1,\cdots,d-1)$,由于 $\delta_i = \left(\frac{a_j}{p}\right)_k = c_j$ $(0 \leqslant j \leqslant d-1)$,故根据 δ_i 在 $(c_0,c_1,\cdots,c_{d-1})$ 中的位置定出 $b_i = j$.

在上述体制中,当 $k=2$ 时,还要限制

$$\left(\frac{a_i}{n}\right) = \left(\frac{a_j}{n}\right) (i \neq j)$$

这是明文用 d — adic 表示的 PEC,具有使用上的灵活性. 同时还增强了体制的安全性. 但 k 次剩余 —PEC 是否具有二次剩余 GM — PEC 那样有更多的应用,还有待进一步研究.

4.3 Eisenstein 环 $\mathscr{Z}[\omega]$ 上的 PEC

4.3.1 计算三次剩余特征算法[20]

设 $\omega = (-1+\sqrt{-3})/2$ 是方程 $x^2+x+1=0$ 的一个根,$\mathscr{Z}$ 是有理整数环,定义

$$\mathscr{Z}[\omega] = \{a + b\omega \mid a,b \in \mathscr{Z}\}$$

容易验证 $\mathscr{Z}[\omega]$ 对通常的复数加法和乘法构成一环,称为 Eisenstein 环.

对 $\forall \alpha \in \mathscr{Z}[\omega]$,定义 α 的距 $N(\alpha) = \alpha\bar{\alpha} = |\alpha|^2$,这里 $\bar{\alpha}$ 表示 α 的共轭. 如果 $N(\alpha)=1$,则 α 称为 $\mathscr{Z}[\omega]$ 中的单位数. 设 $\alpha = a + b\omega \in \mathscr{Z}[\omega]$,则 $N(\alpha) = a^2 - ab + b^2$,所以

$$N(\alpha) = 1 \Leftrightarrow \alpha \in \{\pm 1, \pm \omega, \pm \omega^2\}$$

如果 $N(\alpha)>1$，且 α 的任何分解式 $\alpha=\xi\eta$，这里 $\xi,\eta\in\mathscr{Z}[\omega]$，满足 $N(\xi)=1$ 或 $N(\eta)=1$，则 α 称为 $\mathscr{Z}[\omega]$ 中的素数. 如果 $\alpha=\varepsilon\eta$，ε 是 $\mathscr{Z}[\omega]$ 中的单位数，则称 α 和 η 是相伴数. 熟知[9*]，$\mathscr{Z}[\omega]$ 中的素数是：

(1) $1-\omega$ 和它的相伴数.

(2) 有理素数 $p\equiv-1(\bmod 3)$ 和它的相伴数.

(3) 当有理素数 $p\equiv 1(\bmod 3)$ 时，满足 $p=a^2-ab+b^2$ 的 12 个素数：$a+b\omega$，$a+b\overline{\omega}$ 及其相伴数.

在 $\mathscr{Z}[\omega]$ 中，对于 $\xi(\neq 0)$，α，如果存在 η 使得 $\alpha=\xi\eta$，则称 ξ 整除 α，记为 $\xi\mid\alpha$. 否则称为 ξ 不整除 α，记为 $\xi\nmid\alpha$. 对于 $\xi\nmid\alpha$，必存在 $\beta,\eta\in\mathscr{Z}[\omega]$，使得 $\alpha=\beta\xi+\eta$，$N(\eta)<N(\xi)$，这里的 η 记为 $\eta=\langle\alpha\rangle_\xi$.

下面我们引进三次剩余特征. 设 $\pi\in\mathscr{Z}[\omega]$ 是一个素数，且 $N(\pi)\neq 3$，这时由于 $3\mid N(\pi)-1$，故定义 $\alpha\in\mathscr{Z}[\omega]$ 对模 π 的三次剩余特征 $\left(\frac{\alpha}{\pi}\right)_3$ 如下

$$\left(\frac{\alpha}{\pi}\right)_3=\begin{cases}0，当 \pi\mid\alpha 时\\ 1，当 \alpha^{(N(\pi)-1)/3}\equiv 1(\bmod \pi) 时\\ \omega，当 \alpha^{(N(\pi)-1)/3}\equiv\omega(\bmod \pi) 时\\ \omega^2，当 \alpha^{(N(\pi)-1)/3}\equiv\omega^2(\bmod \pi) 时\end{cases}$$

这里 $\alpha\equiv\beta(\bmod \pi)$ 定义为 $\pi\mid\alpha-\beta$.

由此定义显然有：

(1) 若 $\alpha\equiv\beta(\bmod \pi)$，则 $\left(\frac{\alpha}{\pi}\right)_3=\left(\frac{\beta}{\pi}\right)_3$.

(2) $\left(\frac{\alpha\beta}{\pi}\right)_3=\left(\frac{\alpha}{\pi}\right)_3\left(\frac{\beta}{\pi}\right)_3$.

因为在 $\pi\nmid\alpha$ 且 $x^3\equiv\alpha(\bmod \pi)$ 在 $\mathscr{Z}[\omega]$ 中有解时，推出 $\alpha^{(N(\pi)-1)/3}\equiv x^{N(\pi)-1}\equiv 1(\bmod \pi)$，即 $\left(\frac{\alpha}{\pi}\right)_3=$

1,故这时也称 α 是模 π 的三次剩余.

为了计算 $\left(\frac{\alpha}{\pi}\right)_3$,引入本原数是方便的. 设 $\pi=a+b\omega$ 是 $\mathscr{Z}[\omega]$ 中的素数, 如果 $a\equiv 1(\bmod 3)$, $b\equiv 0(\bmod 3)$,则称 π 是本原素数①,简称本原数.

设 π_1,π_2 是 $\mathscr{Z}[\omega]$ 中的两个本原数,则有如下互反律:$\left(\frac{\pi_2}{\pi_1}\right)_3=\left(\frac{\pi_1}{\pi_2}\right)_3$.

由于对 $\forall\alpha\in\mathscr{Z}[\omega]$,可写 α 为

$$\alpha=(-1)^a\omega^b(1-\omega)^c\pi_1\cdots\pi_s$$

这里 a,b,c 为非负整数,$\pi_i(i=1,\cdots,s)$ 是本原数(允许有相同),故计算 $\left(\frac{\alpha}{\pi}\right)_3$ 可化为计算

$$\left(\frac{-1}{\pi}\right)_3,\left(\frac{\omega}{\pi}\right)_3,\left(\frac{1-\omega}{\pi}\right)_3,\left(\frac{\pi_i}{\pi}\right)_3$$

利用三次互反律可知,只需计算前三个值. 设 $\pi=3m+1+3n\omega$,则类似文献[9*]容易推知

$$\left(\frac{-1}{\pi}\right)_3=1,\left(\frac{\omega}{\pi}\right)_3=\omega^{2(m+n)},\left(\frac{1-\omega}{\pi}\right)_3=\omega^m$$

现在,我们把 π 换为 $\mathscr{Z}[\omega]$ 中一般整数的情形. 设 $\sigma\in\mathscr{Z}[\omega]$, $(1-\omega)\nmid\sigma$,则定义 $\left(\frac{\alpha}{\sigma}\right)_3$ $(\alpha\in\mathscr{Z}[\omega])$ 如下

$$\left(\frac{\alpha}{\sigma}\right)_3=\begin{cases}1,\text{当 }\sigma\text{ 是单位数}\\ \left(\frac{\alpha}{\pi_1}\right)_3\cdots\left(\frac{\alpha}{\pi_s}\right)_3,\text{当 }\sigma=\pi_1\cdots\pi_s\end{cases}$$

这里 $\pi_i(i=1,\cdots,s)$ 是素数. 由于 $\mathscr{Z}[\omega]$ 是唯一分解

① 这里的本原数定义与文献[9*]不同,但这里的定义对后面的应用是有帮助的.

环,且对于两个相伴的素数 π_1,π_2 有 $\left(\frac{\alpha}{\pi_1}\right)_3=\left(\frac{\alpha}{\pi_2}\right)_3$,故 $\left(\frac{\alpha}{\sigma}\right)_3$ 的定义是有意义的. 根据这个定义,对 $\forall\sigma,\rho\in\mathscr{Z}[\omega],\sigma\rho\not\equiv0(\mathrm{mod}(1-\omega))$,容易推出:

(1) 若 $\alpha,\beta\in\mathscr{Z}[\omega]$,且 $\alpha\equiv\beta(\mathrm{mod}\,\sigma)$,则 $\left(\frac{\alpha}{\sigma}\right)_3=\left(\frac{\beta}{\sigma}\right)_3$.

(2) 对 $\alpha\in\mathscr{Z}[\omega]$,有 $\left(\frac{\alpha}{\sigma}\right)_3\left(\frac{\alpha}{\rho}\right)_3=\left(\frac{\alpha}{\sigma\rho}\right)_3$.

(3) 对 $\alpha,\beta\in\mathscr{Z}[\omega]$,有 $\left(\frac{\alpha}{\sigma}\right)_3\left(\frac{\beta}{\sigma}\right)_3=\left(\frac{\alpha\beta}{\sigma}\right)_3$.

设 $\sigma,\rho\in\mathscr{Z}[\omega],\sigma\equiv\rho\equiv1(\mathrm{mod}\,3)$,则有 $\left(\frac{\sigma}{\rho}\right)_3=\left(\frac{\rho}{\sigma}\right)_3$. 设 $\sigma=3A+1+3B\omega$,则有

$$\left(\frac{-1}{\sigma}\right)_3=1,\left(\frac{\omega}{\sigma}\right)_3=\omega^{2(A+B)},\left(\frac{1-\omega}{\sigma}\right)_3=\omega^A$$

这是因为,不妨设 $\sigma=\pi_1\cdots\pi_s$,这里 $\pi_i=3m_i+1+3n_i\omega(i=1,\cdots,s)$ 是本原数,则由

$$3A+1+3B\omega=\prod_{i=1}^{s}(3m_i+1+3n_i\omega)$$

对 s 用归纳法得出 $A\equiv\sum_{i=1}^{s}m_i(\mathrm{mod}\ 3),B\equiv\sum_{i=1}^{s}n_i(\mathrm{mod}\,3)$.

于是,对 $\forall\alpha,\sigma\in\mathscr{Z}[\omega],(1-\omega)\nmid\sigma$,计算 $\left(\frac{\alpha}{\sigma}\right)_3$ 可

有如下的算法(不妨设$(\alpha,\sigma)=1$)①:

第一步,如果 $N(\alpha)>N(\sigma)$,则由求$\langle\alpha\rangle_\sigma$ 的算法(见第 2 章 2.3 中的 2.3.2)计算 $\alpha\equiv\langle\alpha\rangle_\sigma(\bmod \sigma)$. 故计算$\left(\frac{\alpha}{\sigma}\right)_3$ 化为计算$\left(\frac{\langle\alpha\rangle_\sigma}{\sigma}\right)_3$,这里 $N(\langle\alpha\rangle_\sigma)<N(\sigma)$.

第二步,如果 $N(\alpha)<N(\sigma)$,则用 $1-\omega$ 除α. 求出有理非负整数 a 使得$(1-\omega)^a\mid\alpha$,$(1-\omega)^{a+1}\nmid\alpha$. 记 $\beta=\alpha/(1-\omega)^a$,则$\left(\frac{\alpha}{\sigma}\right)_3=\left(\frac{1-\omega}{\sigma}\right)_3^a\cdot\left(\frac{\beta}{\sigma}\right)_3$. 其中$\left(\frac{1-\omega}{\sigma}\right)_3$ 可求出,故化为求$\left(\frac{\beta}{\sigma}\right)_3$.

第三步,为了计算$\left(\frac{\beta}{\sigma}\right)_3$,由$(1-\omega)\nmid\beta$,可求出 β 的相伴数β' 使其满足 $\beta'\equiv 1(\bmod 3)$(这是恒可做到的). 设 $\beta=(-1)^b\omega^c\beta'$,则$\left(\frac{\beta}{\sigma}\right)_3=\left(\frac{-1}{\sigma}\right)_3^b\cdot\left(\frac{\omega}{\sigma}\right)_3^c\cdot\left(\frac{\beta'}{\sigma}\right)_3$,其中$\left(\frac{-1}{\sigma}\right)_3=1$,$\left(\frac{\omega}{\sigma}\right)_3$ 可求出. 故化为求$\left(\frac{\beta'}{\sigma}\right)_3=\left(\frac{\sigma}{\beta'}\right)_3$,这时由于$N(\alpha)>N(\beta')$,故再重复第一步.

经过有限步可计算出$\left(\frac{\alpha}{\sigma}\right)_3$ 的值.

4.3.2 $\mathscr{Z}[\omega]$ 上的两类 PEC

1988 年我们[20] 建立了两类$\mathscr{Z}[\omega]$上的 PEC,它们分别对应明文 n 是三进制序列和二进制序列的情形.

(1)n 是三进制序列情形

① $(\alpha,\sigma)=1$ 表示不存在$\beta\in\mathscr{Z}[\omega]$,$N(\beta)>1$,使得$\beta\mid\alpha$,$\beta\mid\sigma$.

选择 $\mathscr{Z}[\omega]$ 中的数 $\alpha=\sigma\rho\not\equiv 0(\bmod(1-\omega))$，这里 $\sigma,\rho\in\mathscr{Z}[\omega]$，再选择 $\beta,\gamma\in\mathscr{Z}[\omega]$，使得

$$\left(\frac{\beta}{\sigma}\right)_3=\omega,\left(\frac{\gamma}{\sigma}\right)_3=\omega^2,\text{且}\left(\frac{\beta}{\alpha}\right)_3\neq\omega,\left(\frac{\gamma}{\alpha}\right)_3\neq\omega^2$$

则第一类 $\mathscr{Z}[\omega]$ 上的 PEC 由如下几个部分构成：

$\boldsymbol{p}$：α,β,γ.

$\boldsymbol{s}$：σ.

$\boldsymbol{m}$：$m=(a_1,\cdots,a_s)\in\{0,1,2\}^s$.

$\boldsymbol{c}$：$c=(E(\xi_1),\cdots,E(\xi_s))$，这里 $\xi_i(i=1,\cdots,s)$ 是从 $\mathscr{Z}[\omega]$ 中随机选取的满足 $(\xi_i,\alpha)=1(i=1,\cdots,s)$ 的序列，$E(\xi_i)$ 由下式定义

$$E(\xi_i)=\begin{cases}\langle\xi_i^3\rangle_\alpha,\text{当 } a_i=0\\ \langle\beta\xi_i^3\rangle_\alpha,\text{当 } a_i=1\\ \langle\gamma\xi_i^3\rangle_\alpha,\text{当 } a_i=2\end{cases}$$

$\boldsymbol{D}$：对于 $i=1,\cdots,s$，计算 $\left(\frac{E(\xi_i)}{\sigma}\right)_3$ 的值，由于

$$\left(\frac{E(\xi_i)}{\sigma}\right)_3=\omega^{a_i}(i=1,\cdots,s)$$

故

$$\left(\frac{E(\xi_i)}{\sigma}\right)_3=1\Leftrightarrow a_i=0(i\in\{1,\cdots,s\})$$

$$\left(\frac{E(\xi_i)}{\sigma}\right)_3=\omega\Leftrightarrow a_i=1(i\in\{1,\cdots,s\})$$

$$\left(\frac{E(\xi_i)}{\sigma}\right)_3=\omega^2\Leftrightarrow a_i=2(i\in\{1,\cdots,s\})$$

(2)n 是二进制序列情形

选择 $\mathscr{Z}[\omega]$ 中的数 $\alpha=\sigma\rho\not\equiv 0(\bmod(1-\omega))$，这里 $\sigma,\rho\in\mathscr{Z}[\omega]$，再选择 $\beta\in\mathscr{Z}[\omega]$ 使得

$$\left(\frac{\beta}{\sigma}\right)_3=\omega^j,\left(\frac{\beta}{\alpha}\right)_3\neq\omega^j(\text{某 } j\in\{1,2\})$$

于是第二类 $\mathscr{Z}[\omega]$ 上的 PEC 构成如下：

p：α,β.

s：σ.

m：$m=(a_1,\cdots,a_s)\in\{0,1\}^s$.

c：$c=(E(\xi_1),\cdots,E(\xi_s))$，这里 ξ_i 是 $\mathscr{Z}[\omega]$ 中随机选取的满足 $(\xi_i,\alpha)=1(i=1,\cdots,s)$ 的序列，$E(\xi_i)$ 定义如下

$$E(\xi_i)=\begin{cases}\langle\xi_i^3\rangle_\alpha, 当\ a_i=0\\ \langle\beta\xi_i^3\rangle_\alpha, 当\ a_i=1\end{cases}$$

D：计算 $\left(\frac{E(\xi_i)}{\sigma}\right)_3$. 若 $\left(\frac{E(\xi_i)}{\sigma}\right)_3=1$，则 $a_i=0$；若 $\left(\frac{E(\xi_i)}{\sigma}\right)_3\neq 1$，则 $a_i=1$.

这种密码体制的安全性是建立在分解 $\mathscr{Z}[\omega]$ 中的数 α 的困难性上. 我们知道，在 $\mathscr{Z}[\omega]$ 中分解 α，首先要分解有理整数 $N(\alpha)$，因此这种密码体制的安全性不低于建立在大整数分解基础上的密码体制. 尤其是，在明文 n 是三进制序列时，用判断 $x^3\equiv\beta'(\mathrm{mod}\ \alpha)(\beta'\in\mathscr{Z}[\omega])$ 是否有解的方法不能恢复出明文. 因为不仅在 $\mathscr{Z}[\omega]$ 中判断 $x^3\equiv\beta'(\mathrm{mod}\ \alpha)$ 是否有解太困难，而且即使能判断也不能完全恢复明文. 例如，在 $x^3\equiv E(\xi_i)(\mathrm{mod}\ \alpha)$ 有解时，可知 $a_i=0$，但在 $x^3\equiv E(\xi_i)(\mathrm{mod}\ \alpha)$ 无解时，不能判断 $a_i=1$，还是 $a_i=2$. 更何况，在我们不能判断$x^3\equiv E(\xi_i)(\mathrm{mod}\ \alpha)$ 有解时，是否它就一定无解也是不可知的事. 这些都说明，Eisenstein 环 $\mathscr{Z}[\omega]$ 上的 PEC 比 GM－PEC 的保密性强.

4.4　由陷门单向函数构作 PEC

1989 年,李大兴与张泽增[22] 提出了一般地由陷门单向函数构作 PEC 的方法. 这种 PEC 密文长为明文长加上体制的规模参数,而且在多项式资源下不能破译这种体制(即具有多项式安全性). 这一项工作不仅解决了 PEC 的密文扩张率太大问题(见 4.1),而且证明了由每个 PKC 均可构作 PEC. 所以,就研究目的来说,提出安全性好的公钥体制,不论是 PKC,还是 PEC,均是有意义的.

用 $X=\{X_n \mid n\geqslant 0\}$ 记 $\{0,1\}^*$ 上的一集合族. 对每一 X_n 定义它的规模为 $k_n=\max\{|x| \mid x\in X_n\}$,$|x|$ 表示 x 的长度. 设 f_n 是 X_n 到 X_n 的函数,B_n 是 X_n 到 $\{0,1\}$ 的函数,记 $f=\{f_n \mid n\geqslant 0\}$,$B=\{B_n \mid n\geqslant 0\}$,并且分别称 f,B 为 X 上的函数与谓词. 若(1)B 是多项式时间可计算的;(2)Δ 与 Δ^{-1} 都是多项式时间可计算的,这里 Δ 是 X 上的函数;(3)f 是陷门单向函数,则构作新型的 PEC 如下:

$\boldsymbol{p}$:X_n,B_n,f_n,Δ_n,这里 X_n 的规模 $k_n=k$,k 为体制的规模参数,$\Delta_n\in\Delta$.

$\boldsymbol{s}$:$\sigma(n)$,这里 $\sigma(n)$ 是 f_n 的秘密,即已知 $\sigma(n)$,求 f_n^{-1} 是多项式时间可计算的.

$\boldsymbol{m}$:$m=(m_1,\cdots,m_s)\in\{0,1\}^s$.

$\boldsymbol{c}$:$c=(y_1,\cdots,y_s;x_s)$,其加密过程是:随机选取 $a\in X_n$,令 $x_0=a$,则对 $i=1,\cdots,s$,分别计算

$$y_i=B_n(x_{i-1})\oplus m_{s-i+1}$$

$$x_i = f_n(\Delta_n^{y_i}(x_{i-1}))$$

这里 $\oplus$ 为模 2 加,即得密文.

D:对 $j=1,\cdots,s$,计算

$$x_{s-j} = \Delta_n^{-y_{s-j+1}}(f_n^{-1}(x_{s-j+1}))$$

$$m_j = B_n(x_{s-j}) \oplus y_{s-j+1}$$

在假设 RSA－PKC 中的加密函数

$$f(x) = \langle x^e \rangle_n, x \in \mathscr{Z}_n^*$$

为陷门单向函数(参阅第 2 章 2.2)时,可以具体地构作 PEC. 例如,令 $B(x)=$(x 的二进制表示的最末一位),$\Delta(x)=n-x$,则由 RSA 构作的 PEC 如下:

p:e,n.

s:d.

m:$m=(m_1,\cdots,m_s)\in\{0,1\}^s$.

c:$c=(y_1,\cdots,y_s;x_s)$,其加密过程是:随机选取 $a\in\mathscr{Z}_n^*$,令 $x_0=a$,则对 $i=1,\cdots,s$,计算

$$y_i = B(x_{i-1}) \oplus m_{s-i+1}, \text{与 } x_i = \begin{cases} \langle x_{i-1}^e \rangle_n, \text{当 } y_i = 0 \\ \langle (n-x_{i-1})^e \rangle_n, \text{当 } y_i = 1 \end{cases}$$

这里 $B(x)=$(x 的二进制表示的最末一位).

D:对 $j=1,\cdots,s$,计算

$$x_{s-j} = \begin{cases} \langle x_{s-j+1}^d \rangle_n, \text{当 } y_{s-j+1}=0 \\ n-\langle x_{s-j+1}^d \rangle_n, \text{当 } y_{s-j+1}=1 \end{cases}$$

及

$$m_j = B(x_{s-j}) \oplus y_{s-j+1}$$

获得明文$(m_1,\cdots,m_s)$.

例 1 设用户 A 选取 $p_A=43, q_A=59$,计算 $n_A=p_Aq_A=2\ 537, \varphi(n_A)=2\ 436$. 任选 $e_A=13$ 满足$(e_A,\varphi(n_A))=1$,故可算出 $d_A=937$. 这样,$(e_A,n_A)=(13, 2\ 537)$作为公开钥,$d_A=937$ 作为秘密钥.

设用户 B 欲给 A 发送明文 $m=(m_1,m_2,m_3,m_4)=(1,0,0,1)\in\{0,1\}^4$，则 B 任选 $x_0=5$，计算

$$y_1=B(x_0)\oplus m_4=5\oplus 1=0$$

$$x_1=\langle 5^{13}\rangle_{2\,537}=205$$

$$y_2=B(x_1)\oplus m_3=5\oplus 0=1$$

$$x_2=\langle (2\,537-205)^{13}\rangle_{2\,537}=1\,328$$

$$y_3=B(x_2)\oplus m_2=8\oplus 0=0$$

$$x_3=\langle 1\,328^{13}\rangle_{2\,537}=1\,429$$

$$y_4=B(x_3)\oplus m_1=9\oplus 1=0$$

$$x_4=\langle 1\,429^{13}\rangle_{2\,537}=2\,274$$

这里 $B(x)$ 表示 x 的最末一位，故得密文

$$(y_1,y_2,y_3,y_4;x_4)=(0,1,0,0;2\,274)$$

A 收到 B 发送的密文后，分别由 y_4,y_3,y_2,y_1 的值知

$$x_3=\langle 2\,274^{937}\rangle_{2\,537}=1\,429, x_2=\langle 1\,429^{937}\rangle_{2\,537}=1\,328$$

$$x_1=2\,537-\langle 1\,328^{937}\rangle_{2\,537}=205, x_0=\langle 205^{937}\rangle_{2\,537}=5$$

故

$$m_1=B(x_3)\oplus y_4=1, m_2=B(x_2)\oplus y_3=0$$

$$m_3=B(x_1)\oplus y_2=0, m_4=B(x_0)\oplus y_1=1$$

即得明文 $(m_1,m_2,m_3,m_4)=(1,0,0,1)$.

在第 3 章中，我们证明了求解同余式 $x^2\equiv a(\mathrm{mod}\ n)$ 与分解 n 等价(见第 3 章 3.2 中 3.2.1 定理 3.8)，故如果分解整数 n 是困难的，则 $f(x)=\langle x^2\rangle_n$ 是陷门单向函数. 在文献[23]中，何敬民与卢开澄对这种特殊情形获得了构作密文长为明文长加上一个小于体制的规模参数的 PEC，可以称之为 GM－PEC(见 4.1) 的递归实现，与 L. Blum，M. Blum 和 M. Shub[76] 的方法比较，有所改进.

第5章 一次背包体制与分析

前面各章介绍的 PKC 或 PEC 均是基于大整数分解的困难性. 从安全性角度看,如果能设计分解形为 $n = pq$ 的合数的有效算法(但这是非常困难的),则这类密码体制就全部被破译了. 从实用性角度看,大数模算术运算不仅速度很慢,而且占用了大量的存储空间. 所以,探索其他类型的 NP 或 NPC 问题作为设计的基础,就成为人们努力对待的课题. 背包问题(见第1章1.1中的1.2.3)是熟知的 NPC 问题,从1978年 Merkle 与 Hellman[24] 提出第一个背包体制以后,背包体制以其加、解密速度迅速而引人瞩目. 但是,不幸的是,一次背包体制的大部分均被破译了. 本章将介绍各种一次背包体制及其破译方法[25-26].

5.1 MH 背包体制

设 $\boldsymbol{a}=(a_1,\cdots,a_n)$ 是长为 n 的背包向量，其中 a_i $(i=1,\cdots,n)$ 均是正整数，则已知 $\boldsymbol{a}$ 与正整数 c，求 $(x_1,\cdots,x_n)\in\{0,1\}^n$ 使得

$$a_1x_1+\cdots+a_nx_n=c \tag{5.1}$$

的问题就是背包问题（Knapsack 问题），它是一个众所周知的 NPC 问题. 但是，若背包向量 $\boldsymbol{a}$ 满足

$$a_j>\sum_{i=1}^{j-1}a_i(j=2,3,\cdots,n) \tag{5.2}$$

则式(5.1) 非常容易求解. 例如，在式(5.2) 成立时，求解式(5.1) 有如下的算法

$$x_n=\begin{cases}1,\text{当 } c\geqslant a_n\\0,\text{当 } c<a_n\end{cases}$$

因为若 $c\geqslant a_n$ 且 $x_n=0$，则

$$\sum_{i=1}^{n}a_ix_i\leqslant\sum_{i=1}^{n-1}a_i<a_n\leqslant c$$

与式(5.1) 矛盾. 类似地，对于 $j=n-1,n-2,\cdots,2,1$，我们有

$$x_j=\begin{cases}1,\text{当 } c-\sum\limits_{i=j+1}^{n}a_ix_i\geqslant a_j\\0,\text{当 } c-\sum\limits_{i=j+1}^{n}a_ix_i<a_j\end{cases}$$

我们将满足式(5.2) 的向量 $\boldsymbol{a}=(a_1,\cdots,a_n)$ 称为超递增向量. 若 $\boldsymbol{a}$ 是超递增向量，则相应的背包问题称为简单背包问题，这时求解的时间复杂性显然是

$O(n)$,故可非常迅速实现.

1978 年,Merkle 与 Hellman[24] 利用简单背包问题容易求解,而一般背包问题又是 NPC 问题的陷门,构作了 MH 背包体制,即有:

$\boldsymbol{p}$:$\boldsymbol{b}=(b_1,\cdots,b_n)$,这里 $\boldsymbol{b}$ 是 $\boldsymbol{a}$ 经 (w,m) 变换而得,$\boldsymbol{a}$ 是由式(5.2)定义的超递增向量.所谓 (w,m) 变换,是指选正整数 w,m 满足 $m>\sum_{i=1}^{n}a_i$,$1<w<m$ 且 $(w,m)=1$.计算 $\langle wa_i\rangle_m \triangleq b_i(i=1,\cdots,n)$.

$\boldsymbol{s}$:$\boldsymbol{a}=(a_1,\cdots,a_n)$,$w^{-1}$,$m$. 这里 $w^{-1}(0<w^{-1}<m)$ 是 w 模 m 的逆,即 w^{-1} 满足 $w^{-1}w\equiv 1(\bmod m)$.

$\boldsymbol{m}$:$\boldsymbol{x}=(x_1,\cdots,x_n)\in\{0,1\}^n$.

$\boldsymbol{c}$:$c=b_1x_1+\cdots+b_nx_n$.

$\boldsymbol{D}$:解简单背包问题

$$\langle w^{-1}c\rangle_m=a_1x_1+\cdots+a_nx_n \tag{5.3}$$

算法的正确性是很容易证明的.因为 $ww^{-1}\equiv 1(\bmod m)$,$m>\sum_{i=1}^{n}a_i$,故在 $c=b_1x_1+\cdots+b_nx_n$ 两端乘以 w^{-1},并取模 m 得

$$w^{-1}c\equiv w^{-1}b_1x_1+\cdots+w^{-1}b_nx_n(\bmod m)\equiv a_1x_1+\cdots+a_nx_n(\bmod m)$$

由此知式(5.3)成立.

在 MH 背包体制中,若不知道 w,m,则破译密码似乎需要解一般的背包问题.

例 1 设 $n=6$,用户 A 选取超递增向量为 $\boldsymbol{a}_A=(22,89,345,987,4\ 567,45\ 678)$,再选 $1<w_A<m_A$ 及 $m_A>\sum_{i=1}^{6}a_i$,$(w_A,m_A)=1$ 为 $w_A=12\ 345$,$m_A=$

56 789，则计算 $\boldsymbol{b}_A=\langle w_A\boldsymbol{a}_A\rangle=(44\ 434,19\ 714,56\ 639,31\ 669,44\ 927,36\ 929)$，并将 $\boldsymbol{b}_A$ 作为公钥 $\boldsymbol{p}$ 予以公开.

任意用户 B 欲给 A 发送明文 $\boldsymbol{m}=(1,1,0,0,0,1)$，则计算

$$\boldsymbol{b}_A\begin{bmatrix}1\\1\\0\\0\\0\\1\end{bmatrix}=101\ 077$$

得密文 $c=101\ 077$. 用户 A 收到密文后，计算 $\langle w_A^{-1}c\rangle_{m_A}$，这里 w_A^{-1} 是 w_A 模 m_A 的逆，可用欧几里得算法（第 2 章 2.1 中的 2.1.1）求出 $w_A^{-1}=39\ 750$.

于是求出

$$\langle w_A^{-1}c\rangle_{m_A}=\langle 39\ 750\cdot 101\ 077\rangle_{56\ 789}=45\ 789$$

即有

$$22x_1+89x_2+345x_3+987x_4+4\ 567x_5+45\ 678x_6=45\ 789$$

此由简单背包算法知 $x_6=1,x_5=0,x_4=0,x_3=0,x_2=1,x_1=1$，即得明文(1,1,0,0,0,1).

在这个过程中，如果不知道 w_A,m_A，而直接解

$$44\ 434x_1+19\ 714x_2+56\ 639x_3+31\ 669x_4+44\ 927x_5+36\ 929x_6=101\ 077$$

需要试验每个 $x_i=0$ 或 1，这将需要试验并计算 2^6 次. 一般地，当 n 很大时，2^n 次计算是无法做到的.

在 MH 背包体制中，Merkle 与 Hellman 建议取 $n\geqslant 100$. Schroeppel 与 Shamir 研究了这种规模的背包问题求解，他们利用时空折衷法实现了以时间

$O(2^{n/2})$ 与空间 $O(2^{n/4})$ 来求解背包问题. 对 $n=100$, $2^{50}\approx 1.13\times 10^{15}$,一台每秒做 10^6 次运算的处理机可以在大约13 031 天内求解,约需 35.7 年的时间. 如果使用 1 000 个处理机并行计算,则在 12 天左右可以求解,这里忽略了 O 中的常数. 但是,如果取 $n=200$,则 $2^{100}\approx 10^{30}$,此时用这个算法求解在计算上将是不可能的.

这个似乎看来非常安全的 PKC 却在 1982 年被 Shamir[25] 彻底地破译了. Shamir 发现,如果能找到 (w_1,m_1) 变换,使 $\langle w_1 b_i\rangle_{m_1}$ $(i=1,\cdots,n)$ 是超递增的,那么不需要求出原来的 (w,m) 变换,便可破译密码. 这就是 Shamir 破译 MH 背包体制的出发点. 由此我们可以得出一个结论,仅仅把密码体制建立在计算上困难的问题并不足以保障它的安全性,只有证明了体制能够经受任何形式的破译,才能说它是安全的.

5.2 规约基 L^3 —算法

为了介绍 Shamir 的破译方法,先介绍著名的 L^3 —算法. 1982 年,A. K. Lenstra, H. W. Lenstra, Jr. 和 Lovász[27] 提出了著名的 L^3 —算法,并用来证明分解 $\mathscr{Z}[x]$ 中的多项式 f 的计算复杂性为 $O(n^{12}+n^9(\log|f|^3))$, 这里 $n=\deg(f)$ 是 f 的次数, $|\sum_i a_i x^i|=(\sum_i a_i^2)^{1/2}$. 这是一项重大成就,它对密码学、计算复杂性理论与丢番图算法研究均产生了重要的影响.

5.2.1　格的规约基

设 $n \in \mathscr{Z}_{>0}$，对于 n 维实向量空间 $\mathscr{R}^n$ 的子集 L，若存在一组基 $\boldsymbol{b}_1, \cdots, \boldsymbol{b}_n \in \mathscr{R}^n$ 使得

$$L = \sum_{i=1}^{n} \mathscr{Z}\boldsymbol{b}_i = \left\{ \sum_{i=1}^{n} r_i \boldsymbol{b}_i \mid r_i \in \mathscr{Z}(1 \leqslant i \leqslant n) \right\}$$

则称 L 为格，$\boldsymbol{b}_1, \cdots, \boldsymbol{b}_n$ 为 L 的一组基，n 是 L 的秩. L 的行列式 $d(L)$ 定义为

$$d(L) = |\det(\boldsymbol{b}_1, \cdots, \boldsymbol{b}_n)|$$

任给 n 个线性无关的向量 $\boldsymbol{b}_1, \cdots, \boldsymbol{b}_n \in \mathscr{R}^n$，使用 Gram-Schmidt 正交化过程可以产生一组两两正交的向量 $\boldsymbol{b}_1^*, \cdots, \boldsymbol{b}_n^*$，即

$$\boldsymbol{b}_1^* = \boldsymbol{b}_1$$

$$\boldsymbol{b}_i^* = \boldsymbol{b}_i - \sum_{j=1}^{i-1} \mu_{ij} \boldsymbol{b}_j^* \ (1 < i \leqslant n)$$

其中实数 $\mu_{ij}(1 \leqslant j < i \leqslant n)$ 由下式定义

$$\mu_{ij} = (\boldsymbol{b}_i, \boldsymbol{b}_j^*)/(\boldsymbol{b}_j^*, \boldsymbol{b}_j^*)$$

符号(,)表示向量的内积. 若 L 的一组基 $\boldsymbol{b}_1, \cdots, \boldsymbol{b}_n$ 满足

$$|\mu_{ij}| \leqslant \frac{1}{2}(1 \leqslant j < i < n) \tag{5.4}$$

与

$$|\boldsymbol{b}_i^* + \mu_{i,i-1} \boldsymbol{b}_{i-1}^*|^2 \geqslant \frac{3}{4} |\boldsymbol{b}_{i-1}^*|^2 (1 < i \leqslant n) \tag{5.5}$$

则称基 $\boldsymbol{b}_1, \cdots, \boldsymbol{b}_n$ 是 L 的一组规约基. 其中 $|\cdot|$ 表示向量的欧几里得长度，即若 $\boldsymbol{x} = (x_1, \cdots, x_n)$，则 $|\boldsymbol{x}| = (\sum_{i=1}^{n} x^2)^{\frac{1}{2}}$.

定理 5.1 设 $\boldsymbol{b}_1, \cdots, \boldsymbol{b}_n$ 是 $L \subseteq \mathscr{R}^n$ 的一组规约基，$\boldsymbol{b}_1^*, \cdots, \boldsymbol{b}_n^*$ 由其正交化过程定义，则有

$$|\boldsymbol{b}_j|^2 \leqslant 2^{i-1} |\boldsymbol{b}_i^*|^2 (1 \leqslant j \leqslant i \leqslant n) \quad (5.6)$$

$$d(L) \leqslant \prod_{i=1}^{n} |\boldsymbol{b}_i| \leqslant 2^{n(n-1)/4} d(L) \quad (5.7)$$

$$|\boldsymbol{b}_1| \leqslant 2^{(n-1)/4} (d(L))^{1/n} \quad (5.8)$$

证 (1) 从式(5.5)与式(5.4)，我们得到

$$|\boldsymbol{b}_i^*|^2 \geqslant \left(\frac{3}{4} - \mu_{i,i-1}^2\right) |\boldsymbol{b}_{i-1}^*|^2 \geqslant \frac{1}{2} |\boldsymbol{b}_{i-1}^*|^2 (1 < i \leqslant n)$$

由此知，对 $1 \leqslant j \leqslant i \leqslant n$，我们有

$$|\boldsymbol{b}_j^*|^2 \leqslant 2 |\boldsymbol{b}_{j+1}^*|^2 \leqslant 2^2 |\boldsymbol{b}_{j+2}^*|^2 \leqslant \cdots \leqslant 2^{i-j} |\boldsymbol{b}_i^*|^2 (1 \leqslant j \leqslant i \leqslant n)$$

故由正交化过程与式(5.4)得

$$\begin{aligned} |\boldsymbol{b}_i|^2 = & |\boldsymbol{b}_i^* + \sum_{j=1}^{i-1} \mu_{ij} \boldsymbol{b}_j^*|^2 = \\ & |\boldsymbol{b}_i^*|^2 + \sum_{j=1}^{i-1} \mu_{ij}^2 |\boldsymbol{b}_j^*|^2 \leqslant \\ & |\boldsymbol{b}_i^*|^2 + \sum_{j=1}^{i-1} \frac{1}{4} \cdot 2^{i-j} |\boldsymbol{b}_i^*|^2 = \\ & (1 + \frac{1}{4}(2^i - 2)) |\boldsymbol{b}_i^*|^2 \leqslant \\ & 2^{i-1} |\boldsymbol{b}_i^*|^2 \end{aligned}$$

这样就有，对 $1 \leqslant j \leqslant i \leqslant n$ 成立. 则

$$|\boldsymbol{b}_j|^2 \leqslant 2^{j-1} |\boldsymbol{b}_j^*|^2 \leqslant 2^{j-1} \cdot 2^{i-j} |\boldsymbol{b}_i^*|^2 = 2^{i-1} |\boldsymbol{b}_i^*|^2$$

即式(5.6)成立.

(2) 由 $d(L)$ 的定义及 L 基的正交化过程，我们有

$$d(L) = |\det(\boldsymbol{b}_1^*, \boldsymbol{b}_2, \cdots, \boldsymbol{b}_n)| =$$

$$|\det(\boldsymbol{b}_1^*,\boldsymbol{b}_2^*+\mu_{21}\boldsymbol{b}_1^*,\cdots,\boldsymbol{b}_n)|=$$
$$|\det(\boldsymbol{b}_1^*,\boldsymbol{b}_2^*,\cdots,\boldsymbol{b}_n)|=\cdots=$$
$$|\det(\boldsymbol{b}_1^*,\boldsymbol{b}_2^*,\cdots,\boldsymbol{b}_n^*)|=$$
$$\prod_{i=1}^{n}|\boldsymbol{b}_i^*|\text{（因为 }\boldsymbol{b}_i^*\text{ 两两正交）}$$

从 $|\boldsymbol{b}_i^*|\leqslant|\boldsymbol{b}_i|$ 与 $|\boldsymbol{b}_i|\leqslant 2^{(i-1)/2}|\boldsymbol{b}_i^*|$ 知，上式给出式(5.7)。

(3) 在式(5.6)中，令 $j=1$，并取 $i=1,2,\cdots,n$ 的乘积可得式(5.8)。证毕。

定理 5.2　对 $\forall\,\boldsymbol{x}\in L,\boldsymbol{x}\neq\boldsymbol{0}$，若 $\boldsymbol{b}_1,\cdots,\boldsymbol{b}_n$ 是 L 的规约基，则有

$$|\boldsymbol{b}_1|^2\leqslant 2^{n-1}|\boldsymbol{x}|^2$$

证　由 $\boldsymbol{x}\in L$ 可写 $\boldsymbol{x}=\sum_{i=1}^{n}r_i\boldsymbol{b}_i$，这里 $r_i\in\mathscr{Z}(i=1,\cdots,n)$。因为 $\boldsymbol{x}\neq\boldsymbol{0}$，所以 r_i 不全为0。设 i 是使 $r_i\neq 0$ 的最大下标，则

$$\boldsymbol{x}=\sum_{j=1}^{i}r_j\boldsymbol{b}_j=\sum_{j=1}^{i}r_j(\boldsymbol{b}_j^*+\sum_{k=1}^{j-1}\mu_{jk}\boldsymbol{b}_k^*)=\sum_{j=1}^{i}r'_j\boldsymbol{b}_j^*$$

显然 $r'_i=r_i$，所以

$$|\boldsymbol{x}|^2\geqslant|r'_i\boldsymbol{b}_i^*|^2=r_i^2|\boldsymbol{b}_i^*|^2\geqslant|\boldsymbol{b}_i^*|^2$$

故由式(5.6)知

$$|\boldsymbol{b}_1|^2\leqslant 2^{i-1}|\boldsymbol{b}_i^*|^2\leqslant 2^{i-1}|\boldsymbol{x}|^2\leqslant 2^{n-1}|\boldsymbol{x}|^2$$

证毕。

定理 5.3　设 $\boldsymbol{b}_1,\cdots,\boldsymbol{b}_n$ 是 L 的规约基，$\boldsymbol{x}_1,\cdots,\boldsymbol{x}_t\in L$ 是线性无关的，则

$$|\boldsymbol{b}_j|^2\leqslant 2^{n-1}\max\{|\boldsymbol{x}_1|^2,\cdots,|\boldsymbol{x}_t|^2\}(1\leqslant j\leqslant t)$$

证　对 $1\leqslant j\leqslant t$，写 $\boldsymbol{x}_j=\sum_{i=1}^{n}r_{ij}\boldsymbol{b}_i,r_{ij}\in\mathscr{Z}(1\leqslant i\leqslant n)$。对于固定的 j，设 $i(j)$ 是使 $r_{ij}\neq 0$ 的最大的下

标,则由对定理 5.2 的证明知

$$|\boldsymbol{x}_j|^2 \geqslant |\boldsymbol{b}_{i(j)}^*|^2 (1 \leqslant j \leqslant t)$$

对 $\boldsymbol{x}_j$ 重新排序,使得 $i(1) \leqslant i(2) \leqslant \cdots \leqslant i(t)$,则有 $j \leqslant i(j)$. 因为不然的话,$\boldsymbol{x}_1, \cdots, \boldsymbol{x}_j$ 都在 $\sum_{k=1}^{j-1} \mathcal{R}\boldsymbol{b}_k$ 中,与 $\boldsymbol{x}_1, \cdots, \boldsymbol{x}_t$ 线性无关矛盾. 于是对 $1 \leqslant j \leqslant t$,我们有

$$|\boldsymbol{b}_j|^2 \leqslant 2^{i(j)-1} |\boldsymbol{b}_{i(j)}^*|^2 \leqslant 2^{n-1} |\boldsymbol{b}_{i(j)}^*|^2 \leqslant 2^{n-1} |\boldsymbol{x}_j|^2$$

证毕.

定理 5.1 ～ 5.3 给出的规约基的性质,在破译背包体制方面起了重要的作用.

5.2.2 L^3 —算法

L^3 —算法就是从格 L 的一组基 $\boldsymbol{b}_1, \cdots, \boldsymbol{b}_n$ 出发,找到 L 的一组规约基的算法. 首先用正交化过程计算 $\boldsymbol{b}_i^*$ 与 μ_{ij},然后开始一个迭代过程. 在这个过程中,$\boldsymbol{b}_1, \cdots, \boldsymbol{b}_n$ 可能发生改变,但它们总保持是 L 的一组基. 如果某个 $\boldsymbol{b}_i$ 发生改变,那么相应的改变 $\boldsymbol{b}_i^*$ 与 μ_{ij}. 每次迭代之后,总使下面两式成立

$$|\mu_{ij}| \leqslant \frac{1}{2} (1 \leqslant j < i < k)$$

$$|\boldsymbol{b}_1^* + \mu_{i,i-1}\boldsymbol{b}_{i-1}^*|^2 \geqslant \frac{3}{4} |\boldsymbol{b}_{i-1}^*|^2 (1 < i < k)$$

这里 $k \in \{1, 2, \cdots, n+1\}$ 是迭代次数. 从 $k=2$ 开始,此时上面两式是平凡的. 若 $k = n+1$,则得到规约基,算法终止. 现在假设 $k \leqslant n$,首先我们可以得到

$$|\mu_{k,k-1}| \leqslant \frac{1}{2} (k > 1) \tag{5.9}$$

因为不然,设 r 是与 $\mu_{k,k-1}$ 最近的整数,则 $\boldsymbol{b}_k$ 用 $\boldsymbol{b}_k - r\boldsymbol{b}_{k-1}$ 换,数 μ_{kj} 当 $j < k-1$ 时用 $\mu_{kj} - r\mu_{k-1,j}$ 换,$\mu_{k,k-1}$

用 $\mu_{k,k-1}-r$ 换，其他的 μ_{ij} 和所有的 $\boldsymbol{b}_i^*$ 不变，此时 $|\mu_{k,k-1}-r|<\frac{1}{2}$. 因此，总可以使式(5.9)成立.

其次，我们分两种情形：

情形 1，假设 $k\geqslant 2$ 并且

$$|\boldsymbol{b}_k^*+\mu_{k,k-1}\boldsymbol{b}_{k-1}^*|^2<\frac{3}{4}|\boldsymbol{b}_{k-1}^*|^2$$

我们交换 $\boldsymbol{b}_{k-1}$ 与 $\boldsymbol{b}_k$，其他的 $\boldsymbol{b}_i$ 不变，则易知 $\boldsymbol{b}_{k-1}^*$ 由 $\boldsymbol{b}_k^*+\mu_{k,k-1}\boldsymbol{b}_{k-1}^*$ 替换. 因此

$$|\boldsymbol{b}_{k-1}^*|^2<\frac{3}{4}|\boldsymbol{b}_k^*+\mu_{k,k-1}\boldsymbol{b}_{k-1}^*|^2$$

此即

$$|\boldsymbol{b}_k^*+\mu_{k,k-1}\boldsymbol{b}_{k-1}^*|^2>\frac{4}{3}|\boldsymbol{b}_{k-1}^*|^2>\frac{3}{4}|\boldsymbol{b}_{k-1}^*|^2$$

将 k 用 $k-1$ 替换，继续迭代.

情形 2，假设 $k=1$ 或

$$|\boldsymbol{b}_k^*+\mu_{k,k-1}\boldsymbol{b}_{k-1}^*|^2\geqslant\frac{3}{4}|\boldsymbol{b}_{k-1}^*|^2$$

在这个情形，我们首先可以得到

$$|\mu_{kj}|\leqslant\frac{1}{2}(1\leqslant j\leqslant k-1) \qquad (5.10)$$

因为此式如果不成立，设 $l<k$ 使 $|\mu_{kl}|>\frac{1}{2}$ 的最大下标，r 是 μ_{kl} 的最近整数，则 $\boldsymbol{b}_k$ 由 $\boldsymbol{b}_k-r\boldsymbol{b}_l$ 替换，μ_{kj} 当 $j<l$ 时由 $\mu_{kj}-r\mu_{lj}$ 替换，μ_{kl} 由 $\mu_{kl}-r$ 替换，其余的 μ_{ij} 和所有的 $\boldsymbol{b}_i^*$ 不变，则 $|\mu_{kl}-r|<\frac{1}{2}$. 经过如此修改几次后，总能使式(5.10)成立.

将 k 用 $k+1$ 替换，继续迭代.

总结前述，L^3－算法表述如下(其中 $B_i=|\boldsymbol{b}_i^*|^2$)

$$\left.\begin{array}{l} \boldsymbol{b}_i^*:=\boldsymbol{b}_i \\ \left.\begin{array}{l}\mu_{ij}:=(\boldsymbol{b}_i,\boldsymbol{b}_j^*)/B_j \\ \boldsymbol{b}_i^*:=\boldsymbol{b}_i^*-\mu_{ij}\boldsymbol{b}_j^*\end{array}\right\} j=1,\cdots,i-1 \\ B_i:=(\boldsymbol{b}_i^*,\boldsymbol{b}_i^*) \\ k:=2 \end{array}\right\} i=1,\cdots,n$$

(1) 对 $l=k-1$ 执行(*)；

若 $B_k<(\frac{3}{4}-\mu_{k,k-1}^2)B_{k-1}$，则转(2)；

对 $l=k-2,k-3,\cdots,1$，执行(*)；

如果 $k=n$，终止；

$k:=k+1$；

转(1).

(2)$\mu:=\mu_{k,k-1}$；$B:=B_k+\mu^2B_{k-1}$；$\mu_{k,k-1}:=\mu B_{k-1}/B$；

$B_k:=B_{k-1}B_k/B$；$B_{k-1}:=B$；

$$\begin{pmatrix}\boldsymbol{b}_{k-1}\\ \boldsymbol{b}_k\end{pmatrix}:=\begin{pmatrix}\boldsymbol{b}_k\\ \boldsymbol{b}_{k-1}\end{pmatrix};$$

$$\begin{pmatrix}\mu_{k-1,j}\\ \mu_{kj}\end{pmatrix}:=\begin{pmatrix}\mu_{kj}\\ \mu_{k-1,j}\end{pmatrix}\ (j=1,\cdots,k-2);$$

$$\begin{pmatrix}\mu_{i,k-1}\\ \mu_{ik}\end{pmatrix}:=\begin{pmatrix}1 & \mu_{k,k-1}\\ 0 & 1\end{pmatrix}\begin{pmatrix}0 & 1\\ 1 & -\mu\end{pmatrix}\begin{pmatrix}\mu_{i,k-1}\\ \mu_{ik}\end{pmatrix}\ (i=k+1,k+2,\cdots,n);$$

如果 $k>2$，那么 $k:=k-1$；

转(1).

(*) 如果 $|\mu_{kl}|>\frac{1}{2}$，那么：

$$\begin{cases} r:=\mu_{kl}\text{ 的最近整数};\boldsymbol{b}_k:=\boldsymbol{b}_k-r\boldsymbol{b}_l; \\ \mu_{kj}:=\mu_{kj}-r\mu_{lj},j=1,\cdots,l-1; \\ \mu_{kl}:=\mu_{kl}-r. \end{cases}$$

分析表明[27]，L^3 — 算法的时间复杂性是 $O(n^4 \log B)$，这里实数 $B \geqslant 2$ 满足 $|\boldsymbol{b}_i|^2 \leqslant B(1 \leqslant i \leqslant n)$.

5.3　一次背包体制的破译方法

5.3.1　Shamir 破译方法

在 MH 背包体制中(见 5.1)，假设 m 的位数随着 n 的增大而线性增大，设比例常数为 d，则 a_1 的位数是 $dn-n$，a_i 的位数是 $dn-n+i-1$，m 的位数是 dn. Merkle 与 Hellman[24] 建议 $d=2, n=100$. 破译的算法是尝试从公钥 $b_1, \cdots, b_n$ 求陷门对 (w, m) 使 $a_i = \langle wb_i \rangle_m (i=1, \cdots, n)$ 是一超递增序列.

第一步，考虑函数 $f_i: x \to \langle b_i x \rangle_m (i=1, \cdots, n)$，对给定的 i，图 5.1 是函数 f_i 的图示. 当 $x = w \in \mathscr{Z}_m$ 时，$\frac{k_i m}{b_i} < w < \frac{(k_i+1)m}{b_i}$ $(k_i+1 \in \mathscr{Z}_{b_i})$. 由于

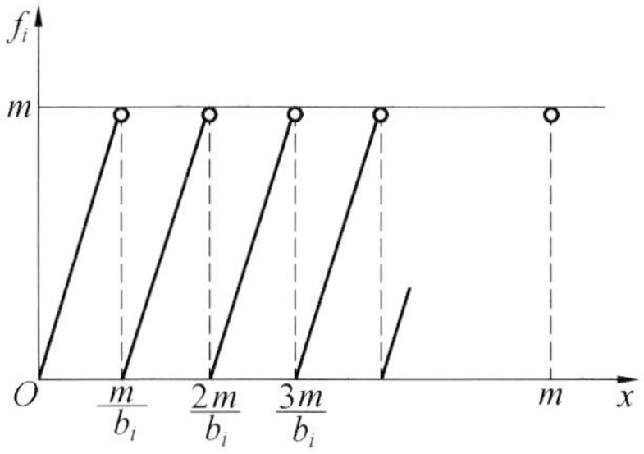

图 5.1　f_i 图示

$$a_i = \langle wb_i \rangle_m \leqslant 2^{dn-n}$$

所以 w 离点 $\frac{k_i m}{b_i}$ 的距离 d_i 满足关系

$$d_i \leqslant \frac{2^{dn-n+i-1}}{b_i} \approx 2^{-n+i-1}(\text{假定 } b_i \approx 2^{dn})$$

由于 w 对 $i=1,\cdots,n$ 同时满足上述条件，故将 f_i 同时放在一个坐标体系中，就得出在点 w 左边很近的地方有一个点集 $\left\{\frac{k_i m}{b_i}\middle| i=1,\cdots,n\right\}$，其中每个点均称为极小点. 对每个给定的 i，$\frac{k_i m}{b_i}$ 与 $\frac{k_j m}{b_j}$ $(j \neq i)$ 构成的区间称为一个聚集点. 现在分析多少条曲线才能得出适当数量的聚集点. 考虑 λ 条曲线 $f_1,\cdots,f_\lambda$. 设 f_1 上的极小点随机均匀分布于 x 轴上，则其中某个极小点离 f_i 曲线的极小点足够近的概率是

$$(2^{dn-n+i-1}/b_i)/(m/b_i) \approx 2^{-n+i-1}$$

从而与 $f_2,\cdots,f_\lambda$ 曲线的极小点构成聚集点的概率是

$$\prod_{i=2}^{\lambda} 2^{-n+i-1} = 2^{-\lambda n+n+(\lambda^2/2)}$$

曲线 f_1 有 b_1 个极小点，所以聚集点的期望是

$$b_1 2^{-\lambda n+n+(\lambda^2/2)} \approx 2^{dn-\lambda n+n+(\lambda^2/2)}$$

从构造过程知至少有一个聚集点. 我们希望计算得出的聚集点的个数尽量少，故假设

$$dn-\lambda n+n+(\lambda^2/2) \leqslant 0$$

即

$$\lambda \geqslant d+1+\frac{\lambda^2}{2n}$$

显然，当 n 很大时(使 $\lambda^2 < 2n$)，只需 $\lambda > d+1$. 对于 MH 背包体制，λ 可取 4(因为 $d=2, n=100$).

现在将 f_i 曲线在横纵方向上各缩小 m 倍，则曲线应为 $f'_i: v \to vb_i \pmod 1$，$v=\frac{x}{m}$ 是新的横坐标. 于是，

相应的距离 d_i 变为

$$d'_i \leqslant \frac{2^{-n+i-1}}{m} \approx 2^{-dn-n+i-1}$$

假设 f_1 的第 p 个极小点、f_2 的第 q 个极小点、……、f_λ 的第 s 个极小点形成聚集点，则有

$$\begin{cases} -\varepsilon_2 < \dfrac{p}{b_1} - \dfrac{q}{b_2} < \varepsilon'_2, 1 \leqslant p < b_1 \\ -\varepsilon_3 < \dfrac{p}{b_1} - \dfrac{r}{b_3} < \varepsilon'_3, 1 \leqslant q < b_2 \\ \vdots \\ -\varepsilon_\lambda < \dfrac{p}{b_1} - \dfrac{s}{b_\lambda} < \varepsilon'_\lambda, 1 \leqslant s < b_\lambda \end{cases}$$

这里 $p,q,r,\cdots,s$ 均为正整数，$\varepsilon_2 = \varepsilon_3 = \cdots = \varepsilon_\lambda = \overline{d'_1}$，$\varepsilon'_i = \overline{d'_i}$，而$\overline{d'_i} = 2^{-dn-n+i-1}$. 这个不等式组可以转化为

$$| p_i - q\alpha_i | \leqslant \varepsilon (1 \leqslant i \leqslant \lambda)$$

其中 α_i 是已知的有理数($i=1,\cdots,\lambda$). 现在用 L^3 - 算法求出 $p_1,\cdots,p_\lambda$ 和 q. 选取 $(n+1)\times(n+1)$ 矩阵[26]

$$\begin{bmatrix} 1 & 0 & \cdots & 0 & -\alpha_1 \\ 0 & 1 & \cdots & 0 & -\alpha_2 \\ \vdots & \vdots & & \vdots & \vdots \\ 0 & 0 & \cdots & 1 & -\alpha_n \\ 0 & 0 & \cdots & 0 & 2^{-n(n+1)/4}\varepsilon^{n+1} \end{bmatrix}$$

其中各列作为格 L 的一组基 $\boldsymbol{b}_1,\cdots,\boldsymbol{b}_n,\boldsymbol{b}_{n+1}$. 使用 L^3 - 算法，在 n 的多项式时间内，可以求出 L 的一组规约基 $\boldsymbol{c}_1,\cdots,\boldsymbol{c}_n,\boldsymbol{c}_{n+1}$. 由 5.2.1 知

$$\begin{aligned} d(L) = & | \det(\boldsymbol{c}_1,\cdots,\boldsymbol{c}_n,\boldsymbol{c}_{n+1}) | = \\ & | \det(\boldsymbol{b}_1,\cdots,\boldsymbol{b}_n,\boldsymbol{b}_{n+1}) | = \\ & 2^{-n(n+1)/4}\varepsilon^{n+1} \end{aligned}$$

由定理 5.1(见式(5.8))知

$$|\boldsymbol{c}_1| \leqslant 2^{n/4} d(L)^{1/(n+1)} = 2^{n/4}\left[2^{-n(n+1)/4}\varepsilon^{n+1}\right]^{1/(n+1)} = \varepsilon$$

因为 $\boldsymbol{c}_1 \in L$,所以

$$\boldsymbol{c}_1 = \sum_{i=1}^{n} p_i \boldsymbol{b}_i + q\boldsymbol{b}_{n+1} = \begin{bmatrix} p_1 - q\alpha_1 \\ \vdots \\ p_n - q\alpha_n \\ q \cdot 2^{-n(n+1)/4}\varepsilon^{n+1} \end{bmatrix}$$

故由 L^3 — 算法求出了 $p_i(i=1,\cdots,n)$ 与 q 使

$$|p_i - q\alpha_i| \leqslant \varepsilon(i=1,\cdots,n)$$

若求出的 q 是负数,则用 $-\boldsymbol{c}_1$ 代替 $\boldsymbol{c}_1$ 求出 $p_1,\cdots,p_n$ 和 q,因而求出了聚集点.

第二步,设聚集点在 f_1 曲线的第 p 个极小点的右边,则 $v=\dfrac{w}{m}$ 必定在区间 $\left[\dfrac{p}{b_1},\dfrac{p+1}{b_1}\right]$ 内.设其他曲线落在这个区间内的极小点依次为 $v_1,v_2,\cdots,v_s$,则必有某区间 $[v_t,v_{t+1}]$ $(1\leqslant t\leqslant s-1)$ 使 $v\in[v_t,v_{t+1}]$.这又可表示为

$$\frac{w'}{m'} \leqslant \frac{w}{m} \leqslant \frac{w''}{m''}$$

这里 w',w'',m',m'' 均为正整数.然后对 w',m' 和 w'',m'' 同时做辗转相除(见第 2 章 2.1 中的 2.1.1),直到不完全商不等为止.设所有相等的不完全商依次为 q_1,$q_2,\cdots,q_h$,则有

$$\begin{gathered} m = q_1 w + r_1 \\ w = q_2 r_1 + r_2 \\ r_1 = q_3 r_2 + r_3 \\ \vdots \\ r_{h-2} = q_h r_{h-1} + r_h \end{gathered}$$

由第 2 章 2.1 中的 2.1.1 的方法,上式中的 m,w 可用

r_{h-1}，r_h 表出. 由此根据所给区间可决定具体的 r_{h-1} 与 r_h. 这就求出了陷门变换对 (m,w)（注意，变换对可能有很多，只要任取一组就行了. 另外，如果公开钥 b_i $(i=1,\cdots,n)$ 在公开前经过重新排列，那么根据超递增也是递增的特点使用 $O(n^2)$ 次排列按上述方法找到）.

5.3.2　低密度背包体制的破译

定义一个背包向量 $\boldsymbol{a}=(a_1,\cdots,a_n)$ 的密度为

$$d(\boldsymbol{a})=\frac{n}{\log_2(\max\limits_{1\leqslant i\leqslant n} a_i)}$$

背包体制中的公开钥向量对应的密度称为该体制的密度.

1983 年，Lagarias 与 Odlyzko[26] 提出了一个求解背包问题的算法——SV 算法（Short Vector 算法）. 此算法对 $d(\boldsymbol{a})<0.645$ 的背包体制几乎全部可以破译. 具体算法如下：

设给定 $\boldsymbol{a}=(a_1,\cdots,a_n)$ 及 s，求背包问题

$$a_1x_1+\cdots+a_nx_n=s \tag{5.11}$$

的解 $(x_1,\cdots,x_n)\in\{0,1\}^n$.

第一步，取 $n+1$ 维向量

$$\begin{gathered}\boldsymbol{b}_1=(1,0,\cdots,0,-a_1)\\ \boldsymbol{b}_2=(0,1,\cdots,0,-a_2)\\ \vdots\\ \boldsymbol{b}_n=(0,0,\cdots,1,-a_n)\\ \boldsymbol{b}_{n+1}=(0,0,\cdots,0,s)\end{gathered}$$

显然，它们是 $(n+1)$ 维格 L 的一组基.

第二步，用 L^3－算法（5.2.2）求 L 的规约基 $\boldsymbol{c}_1$，

$\boldsymbol{c}_2,\cdots,\boldsymbol{c}_n,\boldsymbol{c}_{n+1}$.

第三步,若 $n+1$ 个向量 $\boldsymbol{c}_i(i=1,\cdots,n+1)$ 中有一个,设为

$$\boldsymbol{c}_i=(c_{i1},\cdots,c_{in},c_{i,n+1})$$

满足:对 $1\leqslant j\leqslant n$ 有 $c_{ij}=0$ 或常数 α,则 $x_j=c_{ij}/\alpha$ $(1\leqslant j\leqslant n)$ 给出式(5.11)的解;否则转第四步.

第四步,由 $s'=\sum\limits_{i=1}^{n}a_i-s$ 替换 s,重复第一至三步,得背包问题的解 $(x'_1,\cdots,x'_n)$. 由此得原背包问题式(5.11)的解 $(1-x'_1,\cdots,1-x'_n)$.

我们分析这个算法,得到[26]:

定理 5.4　设 $B\geqslant 2^{(1+\beta)n^2}$,$\beta>0$ 是常数. 则满足下面两个条件的背包向量 $\boldsymbol{a}=(a_1,\cdots,a_n)$ 的个数为 $B^n(1-\varepsilon(B))$,这里

$$|\varepsilon(B)|\leqslant D(1+\beta)/B^{c(\beta)-(3(\log n)/n)}$$

D 是常数和 $c(\beta)=1-(1+\beta)^{-1}>0$:

(1) $1\leqslant a_i\leqslant B(1\leqslant i\leqslant n)$;

(2) SV 算法对所有 s 找到式(5.11)的解.

这个定理说明对任意的 $\beta>0$ 和 n 充分大,满足

$$d(\boldsymbol{a})\leqslant\frac{n}{\log_2 B}\leqslant\frac{1}{(1+\beta)n}$$

的向量 $\boldsymbol{a}=(a_1,\cdots,a_n)$ 所对应的背包问题几乎全部可以求出解来.

关于 MH 背包体制还有一些迭代式的改进,例如,设 $\boldsymbol{a}^{(1)}$ 是一个超递增向量,选取 $h-1$ 个变换 $(w_1,m_1),\cdots,(w_{h-1},m_{h-1})$,计算

$$\boldsymbol{a}^{(k)}=\langle w_{k-1}\boldsymbol{a}^{(k-1)}\rangle m_{k-1}(k=2,3,\cdots,h)$$

则迭代型 MH 背包体制构成如下:

p:$\boldsymbol{a}^{(h)}$.

s:$(w_i, m_i)(i=1,\cdots,h-1)$.

m:$\boldsymbol{m} \in \{0,1\}^n$.

c:$c=\boldsymbol{\alpha}^{(h)} \cdot \boldsymbol{m}^{\mathrm{T}}$,这里 $\boldsymbol{m}^{\mathrm{T}}$ 为 $\boldsymbol{m}$ 的转置.

D:对 $i=h,\cdots,2$,计算

$$c^{(i-1)}=\langle w_i^{-1} c^{(i)}\rangle_{m_{i-1}}$$

故解简单背包问题 $c^{(1)}=\boldsymbol{a}^{(1)} \cdot \boldsymbol{m}^{\mathrm{T}}$,即得明文 $\boldsymbol{m}$. 这个体制也是可破的[28].

1988 年,何敬民与卢开澄[29] 提出了基于孙子定理(见第 3 章 3.1 中的3.1.1)的背包体制,设计如下:

随机选取 k 个正整数 $m_1,\cdots,m_k$ 满足 $(m_i,m_j)=1(1\leqslant i<j\leqslant k)$,计算 $m=m_1\cdots m_k$, $M_i=m/m_i(1\leqslant i\leqslant k)$ 并且 M'_i 满足 $1\leqslant M'_i\leqslant m_i$, $M'_iM_i\equiv 1(\mathrm{mod}\ m_i)$. 令 $a_i=\langle M'_iM_i\rangle_m(1\leqslant i\leqslant k)$. 随机选取正整数 w 满足 $(w,m)=1$,计算 $a'_i=\langle wa_i\rangle_m(1\leqslant i\leqslant k)$. 则该背包体制的 **p**,**s**,**m**,**c** 及 **D** 为:

p:$a''_1,\cdots,a''_k$ 和 m',这里 $m'>\max\{a'_1x_1+\cdots+a'_kx_k\}$, $(x_1,\cdots,x_k)(0\leqslant x_i\leqslant 10^l-1)$ 是明文;$a''_i=\langle w'a'_i\rangle_{m'}(1\leqslant i\leqslant k)$, $1<w'<m'$ 且 $(w',m')=1$.

s:$m_1,\cdots,m_k,m,w,w'$.

m:$(x_1,\cdots,x_k)$,这里 $0\leqslant x_i<10^l(1\leqslant i\leqslant k)$, l 满足 $10^l\leqslant \min\limits_{1\leqslant i\leqslant k} m_i$.

c:$c=\langle a''_1x_1+\cdots+a''_kx_k\rangle_{m'}$.

D:计算 $\langle w'^{-1}c\rangle_{m'} \triangleq c'$,这里 w'^{-1} 为 w' 模 m' 的逆. 再计算 $\langle w^{-1}c'\rangle_m \triangleq c''$,则

$$c''\equiv a_1x_1+\cdots+a_kx_k(\mathrm{mod}\ m)$$

由此知 $x_i\equiv c''(\mathrm{mod}\ m_i)(1\leqslant i\leqslant k)$. 当 $0\leqslant x_i<m_i$ 时 $x_i=\langle c''\rangle_{m_i}(1\leqslant i\leqslant k)$.

这个背包体制由于不含超递增向量(序列),并且体制密度可达很高,例如 $\boldsymbol{a}''=(a''_1,\cdots,a''_k)$ 的密度 $d(\boldsymbol{a}'')$ 为

$$d(\boldsymbol{a}'')=\frac{k}{\log_2 \max\limits_{1\leqslant i\leqslant k}(a''_i)}$$

因为密文长 $\approx \log_2(k\max\limits_{1\leqslant i\leqslant k}(a''_i))=\log_2 k+\log_2\max\limits_{1\leqslant i\leqslant k}(a''_i)$,故有

$$\frac{\text{明文长}}{\text{密文长}}\approx\frac{k}{\log_2 k+\log_2\max\limits_{1\leqslant i\leqslant k}(a''_i)}<d(\boldsymbol{a}'')$$

这说明,只要明、密文长度之比大于 0.645(或更大),则 $\boldsymbol{a}''$ 就不是低密度的.

这个似乎很安全的背包体制,也在 1991 年被章照止[30] 破译了.章照止破译中的主要部分仍是由 L^3－算法完成的.

5.4　一个新型的一次背包体制

1988 年,Chor 与 Rivest[50] 利用有限域上算术性质设计了一个新的背包型 PKC.这个 PKC 利用某些情况下计算 $\mathscr{F}_{p^n}$ 上离散对数容易的特点,由一组离散对数经某种变换后作为背包向量.由于这一体制与离散对数有关,又需要第 7 章 7.1 与第 8 章 8.1 的一些预备知识,故将其放在第 8 章 8.4 中介绍.这里,介绍一个我们[34] 在 1990 年设计的一个一次背包体制.

设 $\boldsymbol{a}=(a_1,\cdots,a_n)$ 为正整数超递增向量,并将 $\boldsymbol{a}$ 分成

$$\boldsymbol{a}=s_1\boldsymbol{b}_1+s_2\boldsymbol{b}_2\ (s_1,s_2\in\mathscr{Z})$$

这里 $\boldsymbol{b}_1,\boldsymbol{b}_2$ 可为任意向量(任意的意思为可含负整数). 再选正整数 p 满足

$$p > \|\boldsymbol{b}_1\|$$

这里符号 $\|\boldsymbol{b}_1\|$ 表示: 设 $\boldsymbol{b}_1=(b_{11},\cdots,b_{1n})$, 则 $\|\boldsymbol{b}_1\|=\sum_{i=1}^{n}|b_{1i}|$. 作向量

$$\boldsymbol{c}=\boldsymbol{b}_1+p\boldsymbol{b}_2$$

对 $\boldsymbol{c}$ 再进行进一步"伪装",例如设

$$\boldsymbol{c}=q_1\boldsymbol{d}_1+q_2\boldsymbol{d}_2(q_1,q_2\in\mathscr{Z})$$

则新型的一次背包体制记为 c_1－PKC,它的构成如下:

$\boldsymbol{p}$:$\boldsymbol{d}_1,\boldsymbol{d}_2$.

$\boldsymbol{s}$:$q_1,q_2,p,s_1,s_2,\boldsymbol{a}$.

$\boldsymbol{m}$:$\boldsymbol{x}=(x_1,\cdots,x_n)\in\{0,1\}^n$.

$\boldsymbol{c}$:(e_1,e_2),这里

$$e_1=\boldsymbol{d}_1\begin{bmatrix}x_1\\ \vdots\\ x_n\end{bmatrix},e_2=\boldsymbol{d}_2\begin{bmatrix}x_1\\ \vdots\\ x_n\end{bmatrix}$$

$\boldsymbol{D}$:第一步,计算 $q_1e_1+q_2e_2\triangleq e$;

第二步,计算 $\langle e\rangle_p\triangleq e_3$. 因为

$$q_1e_1+q_2e_2=(q_1\boldsymbol{d}_1+q_2\boldsymbol{d}_2)\begin{bmatrix}x_1\\ \vdots\\ x_n\end{bmatrix}=\boldsymbol{c}\begin{bmatrix}x_1\\ \vdots\\ x_n\end{bmatrix}$$

$$\boldsymbol{c}=\boldsymbol{b}_1+p\boldsymbol{b}_2$$

所以

$$e=\boldsymbol{b}_1\begin{bmatrix}x_1\\ \vdots\\ x_n\end{bmatrix}+p\boldsymbol{b}_2\begin{bmatrix}x_1\\ \vdots\\ x_n\end{bmatrix}\tag{5.12}$$

由于$\left|\boldsymbol{b}_1\begin{bmatrix}x_1\\ \vdots\\ x_n\end{bmatrix}\right| \leqslant \|\boldsymbol{b}_1\| < p$,故

$$\boldsymbol{b}_1\begin{bmatrix}x_1\\ \vdots\\ x_n\end{bmatrix}=e_3 \text{ 或 } e_3-p$$

并由此代入式(5.12)解出

$$\boldsymbol{b}_2\begin{bmatrix}x_1\\ \vdots\\ x_n\end{bmatrix}$$

第三步,由于$\boldsymbol{a}=s_1\boldsymbol{b}_1+s_2\boldsymbol{b}_2$,故计算

$$s_1\boldsymbol{b}_1\begin{bmatrix}x_1\\ \vdots\\ x_n\end{bmatrix}+s_2\boldsymbol{b}_2\begin{bmatrix}x_1\\ \vdots\\ x_n\end{bmatrix}\triangleq e_4$$

第四步,解简单背包问题

$$a_1x_1+\cdots+a_nx_n=e_4$$

例 2 设$n=4,\boldsymbol{a}=(2,4,8,15),s_1=s_2=1,\boldsymbol{b}_1=(-6,-2,1,7),\boldsymbol{b}_2=(8,6,7,8)$,选取$p>\|\boldsymbol{b}_1\|=16$,可选$p=17$,计算

$$\boldsymbol{c}=\boldsymbol{b}_1+p\boldsymbol{b}_2=(130,100,120,144)$$

取$q_1=1,q_2=1$,将$\boldsymbol{c}$分为两个向量$\boldsymbol{d}_1,\boldsymbol{d}_2$的和,可取

$$\boldsymbol{d}_1=(120,110,120,120)$$

$$\boldsymbol{d}_2=(10,-10,0,24)$$

设明文$\boldsymbol{m}=(0,1,1,0)$,则密文为$(e_1,e_2)=(230,-10)$. 知道秘密钥s时,解密如下

$$e=230-10=220$$

$$\langle e\rangle_{17}=16$$

所以

$$\begin{cases} \boldsymbol{b}_1 \begin{bmatrix} x_1 \\ x_2 \\ x_3 \\ x_4 \end{bmatrix} = 16 \\ \boldsymbol{b}_2 \begin{bmatrix} x_1 \\ x_2 \\ x_3 \\ x_4 \end{bmatrix} = 12 \end{cases} \quad \text{或} \quad \begin{cases} \boldsymbol{b}_1 \begin{bmatrix} x_1 \\ x_2 \\ x_3 \\ x_4 \end{bmatrix} = -1 \\ \boldsymbol{b}_2 \begin{bmatrix} x_1 \\ x_2 \\ x_3 \\ x_4 \end{bmatrix} = 13 \end{cases}$$

故 $\boldsymbol{a}_1 \begin{bmatrix} x_1 \\ x_2 \\ x_3 \\ x_4 \end{bmatrix} = 2x_1 + 4x_2 + 8x_3 + 15x_4 = 28$，或 $2x_1 + 4x_2 + 8x_3 + 15x_4 = 12$. 前者无解，而后者给出 $(x_1, x_2, x_3, x_4) = (0,1,1,0)$，即恢复了明文.

在这个背包体制中，选择 $\boldsymbol{d}_1, \boldsymbol{d}_2$ 时应注意不能使其中任何一个为超递增的. 在上例中，由于 $\boldsymbol{d}_2$ 是超递增的，所以由

$$10x_1 - 10x_2 + 0 \cdot x_3 + 24x_4 = -10$$

可以求出 $x_4 = 0, x_1 = 0, x_2 = 1$. 我们建议选取 $\boldsymbol{d}_1, \boldsymbol{d}_2$ 中的各分量相差非常小的. 这时 $n = 100$，体制就比较安全了，因为从公开的向量 $\boldsymbol{d}_1, \boldsymbol{d}_2$ 寻找秘密钥显然是计算上不可能的. 如果用等价密钥方法（即不一定求出原来的秘密钥的破译方法，例如 Shamir 破译法(5.3.1)），那么求出的等价密钥使简单背包问题唯一可解是很不容易的. 此外，这个体制也可以用 $\boldsymbol{c}$ 直接作为公开钥. 当然，这个背包体制与任何一个 PKC 一样，它的安全性均是不能用严格的数学方法证明的.

二次背包体制

第 6 章

二次背包问题也叫矩阵覆盖问题(即MC问题,见第1章1.2中的1.2.3).已知它是一个 *NPC* 问题,而且可以构造陷门,所以可以用来构作 PKC,称为二次背包体制.

虽然,一次背包体制的大部分均被破译了,但背包体制仍然吸引人们极大的兴趣.利用 MC 问题构作的二次背包体制具有很强的安全性,而且有力地对抗了破译一次背包体制的方法.特别是,用 MC 问题来掩护背包向量可以建立 MC 概率背包体制,这是第一个背包型的 PEC.

6.1 MC 概率背包体制

背包型的 PEC 是我们[31] 在 1990 年首次提出来的. 在这之前来学嘉[32] 曾设计了一种 MC 背包体制，设计如下：

取正整数向量$(\tilde{a}_{11},\cdots,\tilde{a}_{nn})$为超递增向量(第 5 章 5.1)，正整数 $p>\sum_{i=1}^{n}\tilde{a}_{ii}$. 任取两个 $n\times n$ 正整数矩阵 (a'_{ij}) 与 (r_{ij})，令 $(a_{ij})=\begin{bmatrix}\tilde{a}_{11} & & \mathbf{0}\\ & \ddots & \\ \mathbf{0} & & \tilde{a}_{nn}\end{bmatrix}+(pa'_{ij})$. 再选取正整数 $m>\sum_{i,j}a_{ij}$，$w<m$ 且$(w,m)=1$. 令 $f_{ij}=\langle wa_{ij}\rangle_m$，计算$(b_{ij})=(f_{ij})+(mr_{ij})$. 则有：

p：(b_{ij}).

s：w,m,p 以及$(\tilde{a}_{11},\cdots,\tilde{a}_{nn})$.

m：$(x_1,\cdots,x_n)\in\{0,1\}^n$.

c：$c=(x_1,\cdots,x_n)(b_{ij})(x_1,\cdots,x_n)^{\mathrm{T}}$.

D：计算$\langle w^{-1}c\rangle_m\triangleq c_1$，这里 w^{-1} 是 w 模 m 的逆；再计算$\langle c_1\rangle_p\triangleq c_0$；最后解简单背包问题 $\tilde{a}_{11}x_1+\cdots+\tilde{a}_{nn}x_n=c_0$.

显然，这个体制有力地对抗了各种攻击背包体制的算法. 又 MC 问题(第 1 章 1.1 中的 1.2.3) 是 *NPC* 问题，所以体制在现有条件下具有足够的安全性.

1990 年，我们[31] 改进来学嘉的 MC 背包体制. 在加密时，我们使用随机函数 $F(i,j)$ 代替 x_ix_j，因而设计了 MC 概率背包体制.

任选三个正整数矩阵

$$\begin{bmatrix} \tilde{a}_{11} & 0 & \cdots & 0 \\ 0 & \tilde{a}_{22} & \cdots & 0 \\ \vdots & \vdots & & \vdots \\ 0 & 0 & \cdots & \tilde{a}_{nn} \end{bmatrix}, \begin{bmatrix} a_{11} & a_{12} & \cdots & a_{1n} \\ a_{21} & a_{22} & \cdots & a_{2n} \\ \vdots & \vdots & & \vdots \\ a_{n1} & a_{n2} & \cdots & a_{nn} \end{bmatrix} \tag{6.1}$$

$$\begin{bmatrix} r_{11} & r_{12} & \cdots & r_{1n} \\ r_{21} & r_{22} & \cdots & r_{2n} \\ \vdots & \vdots & & \vdots \\ r_{n1} & r_{n2} & \cdots & r_{nn} \end{bmatrix}$$

其中 $\tilde{a}_{ii} > \sum_{j=1}^{i-1} \tilde{a}_{jj} (i=2,\cdots,n)$. 再任选三个正整数 p, w, m, 使得 $p > \sum_{i=1}^{n} \tilde{a}_{ii}$, $m > \sum_{i=1}^{n} \tilde{a}_{ii} + p \sum_{i,j} a_{ij}$, $(m, w) = 1$. 则

$$(b_{ij}) = \begin{bmatrix} b_{11} & b_{12} & \cdots & b_{1n} \\ b_{21} & b_{22} & \cdots & b_{2n} \\ \vdots & \vdots & & \vdots \\ b_{n1} & b_{n2} & \cdots & b_{nn} \end{bmatrix} = w \begin{bmatrix} \tilde{a}_{11} & 0 & \cdots & 0 \\ 0 & \tilde{a}_{22} & \cdots & 0 \\ \vdots & \vdots & & \vdots \\ 0 & 0 & \cdots & \tilde{a}_{nn} \end{bmatrix} +$$

$$pw \begin{bmatrix} a_{11} & a_{12} & \cdots & a_{1n} \\ a_{21} & a_{22} & \cdots & a_{2n} \\ \vdots & \vdots & & \vdots \\ a_{n1} & a_{n2} & \cdots & a_{nn} \end{bmatrix} +$$

$$m \begin{bmatrix} r_{11} & r_{12} & \cdots & r_{1n} \\ r_{21} & r_{22} & \cdots & r_{2n} \\ \vdots & \vdots & & \vdots \\ r_{n1} & r_{n2} & \cdots & r_{nn} \end{bmatrix} \tag{6.2}$$

则 MC 概率背包体制构成如下:

$\boldsymbol{p}$:(b_{ij}).

$\boldsymbol{s}$:$w, m, p, (\tilde{a}_{11}, \cdots, \tilde{a}_{nn})$.

$\boldsymbol{m}$:$(x_1, \cdots, x_n) \in \{0,1\}^n$.

$\boldsymbol{c}$:$c = \sum_{i=1}^{n} b_{ii} x_i + \sum_{i \neq j} b_{ij} F(i,j)$,这里 $F(i,j)$ 是任选的值域为 $\{0,1\}$ 的随机函数.

$\boldsymbol{D}$:计算 $\langle w^{-1} c \rangle_m \triangleq c_1$,$w^{-1}$ 是 w 模 m 的逆;再计算 $\langle c_1 \rangle_p \triangleq c_0$;最后解简单背包问题 $\tilde{a}_{11} x_1 + \cdots + \tilde{a}_{nn} x_n = c_0$. 这是因为

$$c = \sum_{i=1}^{n} b_{ii} x_i + \sum_{i \neq j} b_{ij} F(i,j) =$$
$$w \sum_{i=1}^{n} \tilde{a}_{ii} x_i + pw\left(\sum_{i=1}^{n} a_{ii} x_i + \sum_{i \neq j} a_{ij} F(i,j)\right) +$$
$$m\left(\sum_{i=1}^{n} r_{ii} x_i + \sum_{i \neq j} r_{ij} F(i,j)\right)$$

所以

$$c_1 = \sum_{i=1}^{n} \tilde{a}_{ii} x_i + p\left(\sum_{i=1}^{n} a_{ii} x_i + \sum_{i \neq j} a_{ij} F(i,j)\right)$$
$$c_0 = \sum_{i=1}^{n} \tilde{a}_{ii} x_i$$

在这个改进的体制中,加密时使用了随机函数 $F(i,j)$ 代替原来的 MC 背包体制中的 $x_i x_j$,所以背包问题的向量长度由原来的 $n(n+1)/2$ 增加到 n^2,从而使改进的体制在不增加密钥量和加、解密复杂性的条件下,安全性更佳;又由于 $F(i,j)$ 是随机函数,不同的用户选取 $F(i,j)$ 是不同的,所以同一明文将对应不同的密文. 这正是概率体制的重要特征.

根据上述思想,我们可以更直接地设计一个一次背包体制. 首先如(6.1) 及式(6.2) 选择或构成矩阵,

其中$(\tilde{a}_{11},\cdots,\tilde{a}_{nn})$为超递增向量，$p,m$以及$w$的选取仍如前，则新型的背包体制由如下几个部分构成：

p：$(b'_{11},\cdots,b'_{nn})$，这里$b'_{ii}=\langle b_{ii}\rangle_m(i=1,\cdots,n)$，$b_{ii}$为由式(6.2)定义的矩阵$(b_{ij})$的主对角线元素.

s：$w,m,p,(\tilde{a}_{11},\cdots,\tilde{a}_{nn})$.

m：$(x_1,\cdots,x_n)\in\{0,1\}^n$.

c：$c=\sum_{i=1}^{n}b'_{ii}x_i$.

D：计算$\langle w^{-1}c\rangle_m\triangleq c_1$，$\langle c_1\rangle_p\triangleq c_0$，再解简单背包问题

$$\tilde{a}_{11}x_1+\cdots+\tilde{a}_{nn}x_n=c_0$$

现在给出解密算法 **D** 的正确性证明.

因为

$$c=\sum_{i=1}^{n}b'_{ii}x_i\equiv\sum_{i=1}^{n}b_{ii}x_i\pmod m=\sum_{i=1}^{n}(w\tilde{a}_{ii}+pwa_{ii}+mr_{ii})x_i\pmod m$$

所以

$$c_1=\sum_{i=1}^{n}(\tilde{a}_{ii}+pa_{ii})x_i$$

$$c_0=\sum_{i=1}^{n}\tilde{a}_{ii}x_i$$

在这个背包体制中，(w,m)变换是将$\tilde{a}_{ii}+pa_{ii}$变为$b'_{ii}(i=1,\cdots,n)$，即$b'_{ii}\equiv w(\tilde{a}_{ii}+pa_{ii})\pmod m(i=1,\cdots,n)$. 由于$\tilde{a}_{ii}+pa_{ii}$已没有超递增特性，故 Shamir 破译法(第 5 章 5.3 中 5.3.1)失效. 又如果n足够大，这个背包体制的密度也可是很高的. 所以，已有破译法不能破译这个体制.

6.2 MC 线性分拆背包体制

1989 年，我们[33] 提出了一个新型的背包体制——MC 线性分拆背包体制，其主要手法是：(1) 线性分拆；(2) 用矩阵覆盖掩护背包问题. 并且证明，已有的破译背包体制的算法(见第 5 章 5.3) 均不能破译我们的体制.

现在介绍这种体制的构成. 设$(a_1,\cdots,a_n)$为正整数超递增序列，以 $a_1,\cdots,a_n$ 为对角线元素的矩阵 $\boldsymbol{A}$ 定义为

$$\boldsymbol{A}=\begin{bmatrix} a_1 & & \boldsymbol{0} \\ & \ddots & \\ \boldsymbol{0} & & a_n \end{bmatrix}$$

现在分拆 $\boldsymbol{A}$ 为 m 个矩阵 $\boldsymbol{A}_i(i=1,\cdots,m)$ 的线性组合，即

$$\boldsymbol{A}=\sum_{i=1}^{m} b_i\boldsymbol{A}_i \tag{6.3}$$

其中每个方阵 $\boldsymbol{A}_i$ 具有很大的任意性. 因为我们可以任意选取 $m-1$ 个 n 阶方阵 $\boldsymbol{A}_1,\cdots,\boldsymbol{A}_{i-1},\boldsymbol{A}_{i+1},\cdots,\boldsymbol{A}_m$ 和系数序列 $b_1,\cdots,b_m$，由式(6.3) 解出

$$\boldsymbol{A}_i=\frac{1}{b_i}\Big(\boldsymbol{A}-\sum_{\substack{j=1\\ j\neq i}}^{m} b_j\boldsymbol{A}_j\Big)$$

于是，最简单的 MC 线性分拆背包体制由如下几个部分构成：

$\boldsymbol{p}:\boldsymbol{A}_i(i=1,\cdots,m)$.

$\boldsymbol{s}:a_i,b_i(i=1,\cdots,m)$.

$\boldsymbol{m}$: $m=(x_1,\cdots,x_n)\in\{0,1\}^n$.

$\boldsymbol{c}$: $c=(y_1,\cdots,y_m)$,这里

$$y_i=(x_1,\cdots,x_n)\boldsymbol{A}_i(x_1,\cdots,x_n)^{\mathrm{T}}(i=1,\cdots,m) \quad (6.4)$$

$\boldsymbol{D}$:计算 $\sum_{i=1}^{m}b_iy_i\triangleq s$,由于

$$\sum_{i=1}^{m}b_iy_i=(x_1,\cdots,x_n)(\sum_{i=1}^{m}b_i\boldsymbol{A}_i)(x_1,\cdots,x_n)^{\mathrm{T}}=$$
$$(x_1,\cdots,x_n)\boldsymbol{A}(x_1,\cdots,x_n)^{\mathrm{T}}=$$
$$a_1x_1^2+\cdots+a_nx_n^2$$

故由 $x_i^2=x_i(i=1,\cdots,n)$ 知,只需解简单背包问题

$$a_1x_1+\cdots+a_nx_n=s$$

很显然,这个体制有力地对抗了我们在第5章5.3中介绍的破译背包体制的方法.在文献[33]中,我们同时指出,如果选择(w,M)变换,即选 $M>\sum_{i=1}^{n}a_i$,$(w,M)=1$,构成矩阵 $\boldsymbol{A}$

$$\boldsymbol{A}=\begin{bmatrix}\langle wa_1\rangle_M & & \mathbf{0}\\ & \ddots & \\ \mathbf{0} & & \langle wa_n\rangle_M\end{bmatrix}$$

则消除了可能使用线性规划理论的破译的途径.事实上,也可以用 $a_1,\cdots,a_n$ 的重排代替 $\boldsymbol{A}$ 的对角线元素,来对抗这种破译.

由于对每个给定的 i,已知 $\boldsymbol{A}_i$ 与 y_i,从式(6.4)解出$(x_1,\cdots,x_n)$是一个 NPC 问题,所以该体制的安全性主要是基于MC问题的困难性.

另一方面,敌人可能从体制的构造本身裸露的$n(n-1)$个方程和利用 m 个二次型联立求解来破译.这与分拆个数 m 的选取有直接关系.下面我们[31]来分

析分拆个数 m 的选取. 设

$$\boldsymbol{A}_i=\begin{bmatrix}\lambda_{11}^{(i)} & \cdots & \lambda_{1n}^{(i)}\\ \vdots & & \vdots\\ \lambda_{n1}^{(i)} & \cdots & \lambda_{nn}^{(i)}\end{bmatrix}(i=1,\cdots,m)$$

由式(6.3)知

$$\sum_{i=1}^{m} b_i\lambda_{j\mu}^{(i)}=0(j\neq\mu) \tag{6.5}$$

故敌人利用式(6.5)中 $n(n-1)$ 个方程求得序列 $b_1,\cdots,b_n$,从而求出 $\boldsymbol{A}$,再用 Shamir 方法破译. 为此取

$$\boldsymbol{B}_i=\begin{bmatrix}\lambda_{11}^{(i)} & \lambda_{12}^{(i)}+\lambda_{21}^{(i)} & \cdots & \lambda_{1n}^{(i)}+\lambda_{n1}^{(i)}\\ 0 & \lambda_{22}^{(i)} & \cdots & \lambda_{2n}^{(i)}+\lambda_{n2}^{(i)}\\ \vdots & \vdots & & \vdots\\ 0 & 0 & \cdots & \lambda_{nn}^{(i)}\end{bmatrix}(i=1,\cdots,m)$$

即由 $\boldsymbol{A}$ 线性分拆得到 $\boldsymbol{A}_i(i=1,\cdots,m)$ 后,将 $\boldsymbol{A}_i$ 下三角依主对角线对称的元素均加到上三角对应元素上. 这时,由于

$$\sum_{i=1}^{m} b_i\boldsymbol{B}_i=\begin{bmatrix}a_1 & & \boldsymbol{0}\\ & \ddots & \\ \boldsymbol{0} & & a_n\end{bmatrix}=\boldsymbol{A}$$

故可将 $\boldsymbol{B}_i$ 代替前述体制中的 $\boldsymbol{A}_i(i=1,\cdots,m)$. 事实上,也可直接选取 $\boldsymbol{A}_i=\boldsymbol{B}_i\ (i=1,\cdots,m)$,这里

$$\boldsymbol{B}_i=\begin{bmatrix}\lambda_{11}^{(i)} & \cdots & \lambda_{1n}^{(i)}\\ \vdots & & \vdots\\ \lambda_{n1}^{(i)} & \cdots & \lambda_{nn}^{(i)}\end{bmatrix},\lambda_{\mu j}^{(i)}=\begin{cases}0,\text{当 }\mu>j\\ \text{任意,当 }\mu\leqslant j\end{cases} \tag{6.6}$$

这样体制本身裸露给敌人的方程个数为 $n(n-1)/2$. 若选择 $m>n(n-1)/2$,则利用 Shamir[7] 证明的结论

(假设在某个有限域上)

$$H(b_1 \mid \mathscr{L}, m > n(n-1)/2) = H(b_1)$$

这里 $H(\cdot)$ 为熵函数(见第 1 章 1.1 中的 1.1.2),$\mathscr{L}$ 表示 $n(n-1)/2$ 个关于$b_1,\cdots,b_m$ 的线性方程,可知敌人无法求解 $b_1,\cdots,b_m$ 中的一个.这样,我们就得到 $m > n(n-1)/2$.那么,是否 m 取得越大越好呢?显然不是.因为式(6.4)可以写成

$$y_i = \sum_{\mu=1}^{n} \lambda_{\mu\mu}^{(i)} x_\mu + \sum_{\mu<j} (\lambda_{\mu j}^{(i)} + \lambda_{j\mu}^{(i)}) x_\mu x_j (i=1,\cdots,m)$$

其中按照 $\boldsymbol{A}_i$ 由 $\boldsymbol{B}_i$ 换后,$\lambda_{j\mu}^{(i)}=0$.这样,将 $x_\mu x_j$ 看成一个变元,则上式是 m 个方程,$n(n+1)/2$ 个未知量的线性方程组.设其中有 r 个独立方程,于是有 r 个未知量可由其余未知量线性表示,将这 r 个未知量回代原方程组中的任一方程,均得到背包向量长为 $n(n+1)/2-r$ 的背包问题.显然,若 $m \geqslant n(n+1)/2$,则 $n(n+1)/2-r$ 将很小,甚至接近于0.所以,用低密度破译算法(第 5 章 5.3)可以破译这种情形.因此,一般应要求 $m < n(n+1)/2$.事实上,如果将 $\boldsymbol{B}_i(i=1,\cdots,m)$ 看成所有 n 阶实上三角阵构成的实数域 $\mathscr{R}$ 上的 $n(n+1)/2$ 维向量空间中的向量,那么向量组 $\boldsymbol{B}_1,\cdots,\boldsymbol{B}_m$ 的极大无关组不妨设为

$$\boldsymbol{B}_1,\cdots,\boldsymbol{B}_r \tag{6.7}$$

其中 $r \leqslant n(n+1)/2$,并且 $\boldsymbol{B}_{r+1},\cdots,\boldsymbol{B}_m$ 可以由向量组(6.7)线性表示.不妨设

$$\boldsymbol{B}_{r+j} = \sum_{i=1}^{r} c_i^{(r+j)} \boldsymbol{B}_i (j=1,\cdots,m-r)$$

于是

$$\boldsymbol{A} = \sum_{i=1}^{m} b_i \boldsymbol{B}_i = \sum_{i=1}^{r} b_i \boldsymbol{B}_i + \sum_{j=1}^{m-r} b_{r+j} \boldsymbol{B}_{r+j} =$$

$$\sum_{i=1}^{r} b_i \boldsymbol{B}_i + \sum_{j=1}^{m-r} b_{r+j} \left(\sum_{i=1}^{r} c_i^{(r+j)} \boldsymbol{B}_i \right) =$$

$$\sum_{i=1}^{r} \left(b_i + \sum_{j=1}^{m-r} b_{r+j} c_i^{(r+j)} \right) \boldsymbol{B}_i =$$

$$\sum_{i=1}^{r} b'_i \boldsymbol{B}_i$$

其中 $b'_i = b_i + \sum_{j=1}^{m-r} b_{r+j} c_i^{(r+j)} (i = 1, \cdots, r)$. 由此可知，敌人只要找到 $b'_i (i=1, \cdots, r)$ 就可以知道 $\boldsymbol{A}$，从而破译密码. 这样，当 $m \geqslant n(n+1)/2$ 时，m 的增加不会增加求得 $\boldsymbol{A}$ 的难度，而只降低破译密码的难度. 所以 m 应选择满足

$$n(n-1)/2 < m < n(n+1)/2$$

在 $n(n-1)/2$ 与 $n(n+1)/2$ 之间，随着 m 的增大，求解 $b_1, \cdots, b_n$ 的难度变大，但背包问题的序列长度可能变小. 因此 m 取 $n(n-1)/2$ 与 $n(n+1)/2$ 的算术平均值的整数部分较为合适，即 $m = [n^2/2]$. 这样，敌人能够拥有的背包问题的序列长度至少为 $n(n+1)/2 - [n^2/2] = [(n+1)/2]$. 所以，当选择 $m = [n^2/2]$ 时，线性分拆背包体制是安全的.

综上所述，MC 线性分拆背包体制的构作应满足如下的条件：

$\boldsymbol{p}$ 中的 $\boldsymbol{A}_i (i = 1, \cdots, m)$ 选择式(6.6)中定义的 $\boldsymbol{B}_i (i=1, \cdots, m)$，并且 $m = [n^2/2]$，式(6.7)中的 r 近似于 m 或 $r = m$.

然而，如果我们注意到 6.1，采用模同余技术，则对 m 的要求可以不必太苛刻. 例如[34]，设 $(a_1, \cdots, a_n)$ 是超递增向量，令

$$\mathbf{A}=\begin{bmatrix} a_1 & & \mathbf{0} \\ & \ddots & \\ \mathbf{0} & & a_n \end{bmatrix}=\sum_{i=1}^{m} b_i \mathbf{A}_i$$

取 $p > \sum_{i=1}^{m} a_i$，令

$$\boldsymbol{B}_i=\mathbf{A}_i+p\boldsymbol{C}_i\,(i=1,\cdots,m)$$

这里$\boldsymbol{C}_i$是任选的$n\times n$阶整数矩阵，则修改的MC线性分拆背包体制构成如下：

$\boldsymbol{p}$：$\boldsymbol{B}_i\,(i=1,\cdots,m)$.

$\boldsymbol{s}$：$a_i, b_i\,(i=1,\cdots,m)$ 与 p.

$\boldsymbol{m}$：$m=(x_1,\cdots,x_n)\in\{0,1\}^n$.

$\boldsymbol{c}$：$c=(y_1,\cdots,y_m)$，这里

$y_i=(x_1,\cdots,x_n)\boldsymbol{B}_i(x_1,\cdots,x_n)^{\mathrm{T}}\,(i=1,\cdots,m)$

$\boldsymbol{D}$：计算$\langle\sum_{i=1}^{m} b_i y_i\rangle_p \triangleq s$，再解简单背包问题

$$a_1x_1+\cdots+a_nx_n=s$$

解密算法的正确性证明：因为

$$\begin{aligned}\sum_{i=1}^{m} b_i y_i = {} & (x_1,\cdots,x_n)\Big(\sum_{i=1}^{m} b_i(\mathbf{A}_i+p\boldsymbol{C}_i)\Big)(x_1,\cdots,x_n)^{\mathrm{T}}\equiv \\ & (x_1,\cdots,x_n)\Big(\sum_{i=1}^{m} b_i\mathbf{A}_i\Big)(x_1,\cdots,x_n)^{\mathrm{T}}\pmod p\equiv \\ & (x_1,\cdots,x_n)\mathbf{A}(x_1,\cdots,x_n)^{\mathrm{T}}\pmod p\equiv \\ & a_1x_1^2+\cdots+a_nx_n^2\pmod p\end{aligned}$$

故由 $x_i^2=x_i\,(i=1,\cdots,n)$ 及 $p>\sum_{i=1}^{n} a_i$ 知

$$a_1x_1+\cdots+a_nx_n=\langle\sum_{i=1}^{m} b_i y_i\rangle_p=s$$

这个体制当中，由于没有裸露的 $n(n-1)$（或 $n\cdot$

$(n-1)/2)$ 个方程，并且 m 不必满足 $n(n-1)/2 < m < n(n+1)/2$，所以，前面已有的破译方法对这一体制失效.

进一步地，如果我们将 $\boldsymbol{A}$ 分拆成 $\boldsymbol{A}_i(i=1,\cdots,m)$ 的线性组合，再将 $\boldsymbol{A}_i(i=1,\cdots,m)$ 新的线性组合 $\boldsymbol{A}'$ 公开，作加密密钥(在这个过程中可以使用模运算)，那么这种体制将具有更好的完全性.

6.3　一般二次背包问题

用矩阵代替背包向量而作成的矩阵覆盖(MC)方案，因破译的计算量比背包向量大得多，且密文中不仅含有单个变元的信息，还含有两两之间的关系信息，所以破译的复杂性加强. 正因为如此，这里我们进一步介绍三种形式的二次背包体制，它们均能对抗已有的破译方法. 这里我们只着眼于提出密码体制，对体制的实用性不做讨论.

6.3.1　分段解密体制

设 $\boldsymbol{x}=(x_1,\cdots,x_n)\in\{0,1\}^n$，$n\geqslant m$，则

$$F(\boldsymbol{x})=\Big(\sum_{i=1}^{n}a_ix_i\Big)\Big(\sum_{i=1}^{m}b_ix_i\Big)=$$

$$(x_1,\cdots,x_n)\begin{bmatrix}a_1b_1 & a_1b_2 & \cdots & a_1b_m\\ a_2b_1 & a_2b_2 & \cdots & a_2b_m\\ \vdots & \vdots & & \vdots\\ a_nb_1 & a_nb_2 & \cdots & a_nb_m\end{bmatrix}\begin{bmatrix}x_1\\ \vdots\\ x_m\end{bmatrix}$$

由此知，一般的 MC 问题可以看成两个背包代数

的积. 当 $m \neq n$ 时,可以利用上述代数式建立分段解密(即先解出 $x_1,\cdots,x_m$,然后解出 $x_{m+1},\cdots,x_n$)的二次背包体制[34].

设$(a_1,\cdots,a_m)$与$(b_{m+1},\cdots,b_n)$均是正整数超递增向量. 将后者随机扩充为 n 维正整数向量 $\boldsymbol{b}=(b_1,\cdots,b_m,b_{m+1},\cdots,b_n)$. 作代数式

$$F(\boldsymbol{x})=\sum_{i=1}^{m}a_ix_i+p_1\left(\sum_{i=1}^{n}b_{1i}x_i\right)\left(\sum_{i=1}^{m}c_{1i}x_i\right)+$$
$$p_1p_2\left(\sum_{i=1}^{n}b_{2i}x_i\right)\left(\sum_{i=1}^{m}c_{2i}x_i\right)$$

其中 $\boldsymbol{b}_1=(b_{11},\cdots,b_{1n})$ 与 $\boldsymbol{b}_2=(b_{21},\cdots,b_{2n})$ 均是非负整数向量,且满足

$$\boldsymbol{b}_1+\boldsymbol{b}_2=\boldsymbol{b}$$

$(c_{11},\cdots,c_{1m})$ 与 $(c_{21},\cdots,c_{2m})$ 均为正整数向量,并且

$$p_1>\sum_{i=1}^{m}a_i,\ p_2>\left(\sum_{i=1}^{n}b_{1i}\right)\left(\sum_{i=1}^{m}c_{1i}\right)$$

由 $F(\boldsymbol{x})$ 可以整理成二次型,即

$$F(\boldsymbol{x})=(x_1,\cdots,x_n)\mathbf{A}\begin{bmatrix}x_1\\ \vdots\\ x_m\end{bmatrix}$$

这里 $\mathbf{A}$ 是 $n\times m$ 阶整数矩阵. 可以对 $\mathbf{A}$ 做一些处理,例如,使用线性分拆的手段[33],这里直接将 $\mathbf{A}$ 作为公开钥. 则:

$\boldsymbol{p}$:$\mathbf{A}$.

$\boldsymbol{s}$:$p_1,p_2,(a_1,\cdots,a_m),(b_{i1},\cdots,b_{in}),(c_{i1},\cdots,c_{im})$ $(i=1,2)$.

$\boldsymbol{m}$:$\boldsymbol{x}=(x_1,\cdots,x_n)\in\{0,1\}^n$,且 $x_1+\cdots+x_m\neq 0$.

$$\mathbf{c}: c=(x_1,\cdots,x_n)\mathbf{A}\begin{bmatrix}x_1\\ \vdots\\ x_m\end{bmatrix}.$$

$\boldsymbol{D}$:计算 $\left[\dfrac{c}{p_1}\right]\triangleq c_1$,$\langle c\rangle_{p_1}\triangleq c_2$,因为

$$c_2=\sum_{i=1}^{m}a_ix_i$$

故可解出 $x_1,\cdots,x_m$;计算 $\left[\dfrac{c_1}{p_2}\right]\triangleq c_3$,$\langle c_1\rangle_{p_2}\triangleq c_4$,则有

$$c_4=(\sum_{i=1}^{n}b_{1i}x_i)(\sum_{i=1}^{m}c_{2i}x_i)$$

$$c_3=(\sum_{i=1}^{n}b_{2i}x_i)(\sum_{i=1}^{m}c_{2i}x_i)$$

将 $x_1,\cdots,x_m$ 代入上式,即可求出 c'_3,c'_4 使得

$$c'_4=\sum_{i=m+1}^{n}b_{1i}x_i,c'_3=\sum_{i=m+1}^{n}b_{2i}x_i$$

所以 $c_5=c'_3+c'_4=\sum_{i=m+1}^{n}b_ix_i$,由此解简单背包问题即解出 $x_{m+1},\cdots,x_n$.

例1　取 $m=3,n=8,(a_1,a_2,a_3)=(1,2,4),\boldsymbol{b}=(3,3,4,1,2,4,8,16)$. 由 $\boldsymbol{b}=\boldsymbol{b}_1+\boldsymbol{b}_2$,可选

$$\boldsymbol{b}_1=(1,2,1,0,1,2,3,5)$$

$$\boldsymbol{b}_2=(2,1,3,1,1,2,5,11)$$

再选 $(c_{11},c_{12},c_{13})=(2,1,1),(c_{21},c_{22},c_{23})=(1,3,2)$. 由

$$p_1>\sum_{i=1}^{3}a_i=7,p_2>(\sum_{i=1}^{8}b_{1i})(\sum_{i=1}^{3}c_{1i})=15\times4=60$$

知,可选 $p_1=10,p_2=61$. 这样就求得

$$F(\boldsymbol{x})=\sum_{i=1}^{3}a_ix_i+10(\sum_{i=1}^{8}b_{1i}x_i)(\sum_{i=1}^{3}c_{1i}x_i)+$$

$$610\left(\sum_{i=1}^{8} b_{2i}x_i\right)\left(\sum_{i=1}^{3} c_{2i}x_i\right)=$$

$$(x_1,\cdots,x_8)\begin{bmatrix}1\ 241 & 3\ 670 & 2\ 450\\ 650 & 1\ 852 & 1\ 240\\ 185 & 5\ 500 & 3\ 674\\ 610 & 1\ 830 & 1\ 220\\ 630 & 1\ 840 & 1\ 230\\ 1\ 280 & 3\ 690 & 2\ 470\\ 3\ 110 & 9\ 180 & 6\ 130\\ 6\ 810 & 20\ 180 & 13\ 470\end{bmatrix}\begin{bmatrix}x_1\\ x_2\\ x_3\end{bmatrix}$$

若明文是 $\boldsymbol{x}=(0,1,0,1,1,0,0,1)$,则代入 $F(\boldsymbol{x})$ 计算得密文

$$c=(0,1,0,1,1,0,0,1)\begin{bmatrix}3\ 670\\ 1\ 852\\ 5\ 500\\ 1\ 830\\ 1\ 840\\ 3\ 690\\ 9\ 180\\ 20\ 180\end{bmatrix}=25\ 702$$

持有秘密钥的用户解密过程如下：因为 $25\ 702=2\ 570\times 10+2$,所以由 $x_1+2x_2+4x_3=2$ 解得 $x_1=0,x_2=1,x_3=0$. 又

$$2\ 570=42\times 61+8$$

所以 $\left(\sum_{i=1}^{8} b_{1i}x_i\right)\left(\sum_{i=1}^{3} c_{1i}x_i\right)=8$, 即 $\sum_{i=1}^{8} b_{1i}x_i=8$; $\left(\sum_{i=1}^{8} b_{2i}x_i\right)\left(\sum_{i=1}^{3} c_{2i}x_i\right)=42$,即 $\sum_{i=1}^{8} b_{2i}x_i=14$. 由此知

$$\sum_{i=1}^{8} b_i x_i = \sum_{i=1}^{8} b_{1i} x_i + \sum_{i=1}^{8} b_{2i} x_i = 22$$

于是得到 $x_4 + 2x_5 + 4x_6 + 8x_7 + 16x_8 = 19$. 此由解简单背包问题算法(第 5 章 5.1)求得唯一解 $x_8 = 1, x_7 = 0, x_6 = 0, x_5 = 1, x_4 = 1$，即恢复了明文 (0,1,0,1,1,0,0,1).

在这个体制中，从公开的 $F(\boldsymbol{x})$ 去找秘密钥是不可能的. 而找一个代数式 $F'(\boldsymbol{x})$ 具有与 $F(\boldsymbol{x})$ 相似的性质，也不容易得到，这是因为 $F(\boldsymbol{x})$ 中的一些条件很难得到满足.

6.3.2　二次型代数体制

假设 $\boldsymbol{a} = (a_1, \cdots, a_n)$ 是正整数超递增向量，将 $\boldsymbol{a}$ 分成两个任意整数向量的和

$$\boldsymbol{a} = \boldsymbol{b}_1 + \boldsymbol{b}_2$$

这里 $\boldsymbol{b}_1 = (b_{11}, \cdots, b_{1n}), \boldsymbol{b}_2 = (b_{21}, \cdots, b_{2n})$. 于是

$$\begin{aligned}(\sum_{i=1}^{n} a_i x_i)^2 = (\sum_{i=1}^{n} b_{1i} x_i + \sum_{i=1}^{n} b_{2i} x_i)^2 = \\ (\sum_{i=1}^{n} (b_{1i} - b_{2i}) x_i)^2 + \\ 4(\sum_{i=1}^{n} b_{1i} x_i)(\sum_{i=1}^{n} b_{2i} x_i) = \\ (x_1, \cdots, x_n) \boldsymbol{A} \begin{bmatrix} x_1 \\ \vdots \\ x_n \end{bmatrix} + \\ 4(x_1, \cdots, x_n) \boldsymbol{B} \begin{bmatrix} x_1 \\ \vdots \\ x_n \end{bmatrix}\end{aligned}$$

这样，在已知 $(x_1,\cdots,x_n)\boldsymbol{A}\begin{bmatrix}x_1\\ \vdots\\ x_n\end{bmatrix}$ 与 $(x_1,\cdots,x_n)\boldsymbol{B}\begin{bmatrix}x_1\\ \vdots\\ x_n\end{bmatrix}$ 的值时，可解出 $\sum_{i=1}^{n}a_ix_i$，因而可解出明文 $(x_1,\cdots,x_n)$.

根据这一思想，可选正整数 $p>(\sum_{i=1}^{n}|b_{1i}-b_{2i}|)^2$，作矩阵

$$\boldsymbol{C}=\boldsymbol{A}+p\boldsymbol{B}$$

则由上述二次型代数可构成背包体制如下：

$\boldsymbol{p}$：$\boldsymbol{C}$.

$\boldsymbol{s}$：$p,\boldsymbol{a}$.

$\boldsymbol{m}$：$\boldsymbol{x}=(x_1,\cdots,x_n)\in\{0,1\}^n$.

$\boldsymbol{c}$：$y=(x_1,\cdots,x_n)\boldsymbol{C}\begin{bmatrix}x_1\\ \vdots\\ x_n\end{bmatrix}$.

$\boldsymbol{D}$：因为 $\boldsymbol{C}=\boldsymbol{A}+p\boldsymbol{B}$，所以

$$y=(x_1,\cdots,x_n)\boldsymbol{A}\begin{bmatrix}x_1\\ \vdots\\ x_n\end{bmatrix}+p(x_1,\cdots,x_n)\boldsymbol{B}\begin{bmatrix}x_1\\ \vdots\\ x_n\end{bmatrix}$$

由于

$$0\leqslant(x_1,\cdots,x_n)\boldsymbol{A}\begin{bmatrix}x_1\\ \vdots\\ x_n\end{bmatrix}=(\sum_{i=1}^{n}(b_{1i}-b_{2i})x_i)^2\leqslant$$

$$(\sum_{i=1}^{n}|b_{1i}-b_{2i}|x_i)^2\leqslant(\sum_{i=1}^{n}|b_{1i}-b_{2i}|)^2$$

故计算$\langle y\rangle_p \triangleq y_1$，$\left[\dfrac{y}{p}\right]\triangleq y_2$，于是

$$(x_1,\cdots,x_n)\boldsymbol{A}\begin{bmatrix}x_1\\ \vdots\\ x_n\end{bmatrix}=y_1,(x_1,\cdots,x_n)\boldsymbol{B}\begin{bmatrix}x_1\\ \vdots\\ x_n\end{bmatrix}=y_2$$

计算 y_1+4y_2，由于

$$y_1+4y_2=(\sum_{i=1}^n a_i x_i)^2$$

故 y_1+4y_2 一定是一个平方数. 设$\sqrt{y_1+4y_2}=y_0$，则有

$$\sum_{i=1}^n a_i x_i=y_0$$

这是一个简单的背包问题(第 5 章 5.1). 故容易解出$(x_1,\cdots,x_n)$.

在这个二次型代数体制中，所有的步骤都可以加上模 m 运算. 此外，我们还可以推广上述关于二次型代数式 $F(\boldsymbol{x})$，例如将超递增向量 $\boldsymbol{a}$ 分成三个正向量的和(或线性组合)，则作

$$F(\boldsymbol{x})=(\sum_{i=1}^n b_{1i}x_i)(\sum_{i=1}^n b_{2i}x_i)+p_1(\sum_{i=1}^n b_{2i}x_i)(\sum_{i=1}^n b_{3i}x_i)+p_1p_2(\sum_{i=1}^n b_{3i}x_i)(\sum_{i=1}^n b_{1i}x_i)$$

其中 $p_1>(\sum_{i=1}^n b_{1i})(\sum_{i=1}^n b_{2i})$，$p_2>(\sum_{i=1}^n b_{2i})(\sum_{i=1}^n b_{3i})$. 由 $F(\boldsymbol{x})$ 得到的二次型，其矩阵 $\boldsymbol{A}$ 由三个基本矩阵组合而成. 对三个基本矩阵还可以通过各种方法加工后，再组成 $\boldsymbol{A}$ 构造安全性更高的二次背包体制.

6.3.3 用孙子定理构作二次背包体制

用孙子定理(第 3 章 3.1 中 3.1.1) 构作的一次背包体制被破译了(第 5 章 5.3 中 5.3.2),但是,我们[35]于 1991 年用孙子定理构作的二次背包体制却是很安全的. 1992 年,郑宝东[36] 也构作了类似的体制.

(1) 选取[35] n 个不同素数 $m_1,\cdots,m_n$,这里 $m_i \equiv 3(\bmod 4)(i=1,\cdots,n)$,计算

$$m=\prod_{i=1}^{n} m_i = m_i M_i (i=1,\cdots,n)$$

对每个 M_i,计算 M'_i 满足 $M'_i M_i \equiv 1(\bmod m_i)$,$0<M'_i<m_i(i=1,\cdots,n)$. 令 $\lambda_i = M'_i M_i (i=1,\cdots,n)$,则对角矩阵 $\boldsymbol{\Lambda}$ 为

$$\boldsymbol{\Lambda}=\begin{bmatrix} \lambda_1 & & \mathbf{0} & \\ & \lambda_2 & & \\ & & \ddots & \\ & \mathbf{0} & & \lambda_n \end{bmatrix}$$

再选取 n 阶满秩的下三角矩阵 $\boldsymbol{P}$,$\boldsymbol{P}_1$,其中 $\boldsymbol{P}$,$\boldsymbol{P}_1$ 中非零元均为正整数,且小于或等于

$$\beta=\min_{1\leqslant i\leqslant n}\left[\sqrt{\frac{m_i}{i(i+1)d}}\right](d\geqslant 1 \text{ 是正整数})$$

令 $\boldsymbol{A}=\boldsymbol{P}^{\mathrm{T}}\boldsymbol{\Lambda}\boldsymbol{P}$,$\boldsymbol{B}=\boldsymbol{P}_1^{\mathrm{T}}\boldsymbol{A}\boldsymbol{P}_1$. 则我们构作的体制如下:

$\boldsymbol{p}$:$\boldsymbol{B}$.

$\boldsymbol{s}$:$\boldsymbol{P}$,$\boldsymbol{P}_1$,$m_i(i=1,\cdots,n)$.

$\boldsymbol{m}$:$(x_1,\cdots,x_n)$,这里 $0\leqslant x_i\leqslant d(i=1,\cdots,n)$.

$\boldsymbol{c}$:$c=(x_1,\cdots,x_n)\boldsymbol{B}\begin{bmatrix} x_1 \\ \vdots \\ x_n \end{bmatrix}$.

D:因为

$$c=(x_1,\cdots,x_n)\boldsymbol{P}_1^{\mathrm{T}}\boldsymbol{A}\boldsymbol{P}_1\begin{bmatrix}x_1\\ \vdots\\ x_n\end{bmatrix}=$$

$$(x_1,\cdots,x_n)\boldsymbol{P}_1^{\mathrm{T}}\boldsymbol{P}^{\mathrm{T}}\boldsymbol{\Lambda}\boldsymbol{P}\boldsymbol{P}_1\begin{bmatrix}x_1\\ \vdots\\ x_n\end{bmatrix}$$

故令

$$\begin{bmatrix}y_1\\ \vdots\\ y_n\end{bmatrix}=\boldsymbol{P}\boldsymbol{P}_1\begin{bmatrix}x_1\\ \vdots\\ x_n\end{bmatrix}$$

则有 $c=\lambda_1 y_1^2+\cdots+\lambda_n y_n^2$. 因此

$$y_i^2\equiv c(\bmod m_i)(i=1,\cdots,n)$$

并且可求出小于$\frac{m_i}{2}$的解 $y_i(i=1,\cdots,n)$. 然后,计算

$$\begin{bmatrix}x_1\\ \vdots\\ x_n\end{bmatrix}=\boldsymbol{P}_1^{-1}\boldsymbol{P}^{-1}\begin{bmatrix}y_1\\ \vdots\\ y_n\end{bmatrix}$$

获得明文.

(2) 设[36] $\boldsymbol{B}=(b_{ij})_{n\times n}$ 是任意一个元素为整数的矩阵;$\boldsymbol{C}=(c_{ij})_{n\times n}$ 是任意一个元素为正整数的矩阵;$\boldsymbol{P}=(p_{ij})_{n\times n}$ 是任意一个元素为正整数的可逆矩阵;$m_1,\cdots,m_n$ 是 n 个两两互素的正整数,满足 $m_i>(\sum_{k=1}^{n}p_{ki})^2(i=1,\cdots,n)$. 记 $m=m_1\cdots m_n$;W,M 是两个整数,满足 $W\geqslant n+\sum_{i=1}^{n}\sum_{j=1}^{n}c_{ij}+1,M=mW-1$;$\lambda_i\equiv\frac{W_m}{m_i}(\bmod M)(i=1,\cdots,n)$.

令

$$\boldsymbol{\Lambda}=\begin{bmatrix}\lambda_1 & & \mathbf{0} & \\ & \lambda_2 & & \\ & & \ddots & \\ & \mathbf{0} & & \lambda_n\end{bmatrix}$$

$$\boldsymbol{A}=\boldsymbol{P\Lambda P}^{\mathrm{T}}+M\boldsymbol{B}+\boldsymbol{C}=(a_{ij})_{n\times n}$$

其中 $\boldsymbol{P}^{\mathrm{T}}$ 的 $\boldsymbol{P}$ 的转置矩阵. 则有:

$\boldsymbol{p}$: $\boldsymbol{A}$.

$\boldsymbol{s}$: $\boldsymbol{P},m_1,\cdots,m_n,M,W$.

$\boldsymbol{m}$: $\boldsymbol{x}=(x_1,\cdots,x_n)\in\{0,1\}^n$.

$\boldsymbol{c}$: $d=\boldsymbol{xAx}^{\mathrm{T}}=\sum_{i=1}^{n}\sum_{j=1}^{n}a_{ij}x_ix_j$.

$\boldsymbol{D}$: 设 $\boldsymbol{y}=(y_1,\cdots,y_n)=\boldsymbol{xP}$, 则

$$d=\boldsymbol{xAx}^{\mathrm{T}}=(\boldsymbol{xP})\boldsymbol{\Lambda}(\boldsymbol{xP})^{\mathrm{T}}+M\boldsymbol{xBx}^{\mathrm{T}}+\boldsymbol{xCx}^{\mathrm{T}}=\lambda_1y_1^2+\cdots+\lambda_ny_n^2+M\boldsymbol{xBx}^{\mathrm{T}}+\boldsymbol{xCx}^{\mathrm{T}}$$

$$md\equiv\frac{mWmy_1^2}{m_1}+\cdots+\frac{mWmy_n^2}{m_n}+mM\boldsymbol{xBx}^{\mathrm{T}}+m\boldsymbol{xCx}^{\mathrm{T}}\equiv\frac{my_1^2}{m_1}+\cdots+\frac{my_n^2}{m_n}+m\boldsymbol{xCx}^{\mathrm{T}}\pmod M$$

由于

$$\begin{aligned}0&\leqslant\frac{my_1^2}{m_1}+\cdots+\frac{my_n^2}{m_n}+m\boldsymbol{xCx}^{\mathrm{T}}=\\&\frac{m}{m_1}\Big(\sum_{k=1}^{n}x_kp_{k1}\Big)^2+\cdots+\frac{m}{m_n}\Big(\sum_{k=1}^{n}x_kp_{kn}\Big)^2+\\&m\sum_{i=1}^{n}\sum_{j=1}^{n}c_{ij}x_ix_j\leqslant\frac{m}{m_1}\Big(\sum_{k=1}^{n}p_{k1}\Big)^2+\cdots+\\&\frac{m}{m_n}\Big(\sum_{k=1}^{n}p_{kn}\Big)^2+m\sum_{i=1}^{n}\sum_{j=1}^{n}c_{ij}\leqslant\\&\frac{mm_1}{m_1}+\cdots+\frac{mm_n}{m_n}+m\sum_{i=1}^{n}\sum_{j=1}^{n}c_{ij}=\\&m\Big(n+\sum_{i=1}^{n}\sum_{j=1}^{n}c_{ij}\Big)\leqslant\end{aligned}$$

$$m(W-1)=mW-m<$$
$$mW-1=M$$

所以 $\langle md\rangle_M=\frac{my_1^2}{m_1}+\cdots+\frac{my_n^2}{m_n}+m\boldsymbol{x}\boldsymbol{C}\boldsymbol{x}^{\mathrm{T}}$

令 $d_1=\langle md\rangle_M=\frac{my_1^2}{m_1}+\cdots+\frac{my_n^2}{m_n}+m\boldsymbol{x}\boldsymbol{C}\boldsymbol{x}^{\mathrm{T}}$

由于 $m_1,\cdots,m_n$ 两两互素，所以 $(\frac{m}{m_i},m_i)=1(i=1,\cdots,n)$. 于是对每个 $\frac{m}{m_i}$，存在 m_i^{-1} 使得

$$\frac{m_i^{-1}m}{m_i}\equiv 1(\mathrm{mod}\ m_i)(i=1,\cdots,n)$$

从而

$$m_i^{-1}d_1=\frac{m_i^{-1}my_1^2}{m_1}+\cdots+\frac{m_i^{-1}my_n^2}{m_n}+m_i^{-1}m\boldsymbol{x}\boldsymbol{C}\boldsymbol{x}^{\mathrm{T}}\equiv y_i^2(\mathrm{mod}\ m_i)(i=1,\cdots,n)$$

又因为 $0\leqslant y_i,y_i^2=(\sum_{k=1}^{n}x_kp_{ki})^2\leqslant(\sum_{k=1}^{n}p_{ki})^2<m_i(i=1,\cdots,n)$，所以

$$y_i=(\langle m_i^{-1}d_1\rangle_{m_i})^{\frac{1}{2}}(i=1,\cdots,n)$$

由 $\boldsymbol{y}=\boldsymbol{x}\boldsymbol{P}$ 得方程组

$$\begin{cases}x_1p_{11}+x_2p_{21}+\cdots+x_np_{n1}=y_1\\x_1p_{12}+x_2p_{22}+\cdots+x_np_{n2}=y_2\\\qquad\vdots\\x_1p_{1n}+x_2p_{2n}+\cdots+x_np_{nn}=y_n\end{cases}$$

因矩阵 $\boldsymbol{P}$ 可逆，故可唯一地解出明文 $\boldsymbol{x}=(x_1,\cdots,x_n)$.

由此可见，加密过程实际是计算

$$d=\sum_{i=1}^{n}\sum_{j=1}^{n}a_{ij}x_ix_j=\sum_{i<j}(a_{ij}+a_{ji})x_ix_j+\sum_{i=1}^{n}a_{ii}x_i$$

解密过程实际是计算

$$d_1 = \langle md \rangle_M, y_i = (\langle m_i^{-1} d_1 \rangle_{m_i})^{\frac{1}{2}} (i = 1, \cdots, n)$$

并通过解线性方程组获得明文$(x_1, \cdots, x_n)$.

基于编码理论的 PKC

第7章

我们在第 1 章 1.2 中的 1.2.3 中已指出，陪集重量问题与子空间重量问题均是 *NPC* 问题，由此可以导出一般线性码的译码问题是 *NPC* 类的问题. 但是，对某些线性分组码，如 Goppa 码、BCH 码、RS 码等，都存在快速译码算法. 这就给这类问题用来构作 PKC 提供了非常简单、直接的思路. 本章在介绍有限域、Goppa 码的基本知识以后，介绍重要的 McEliece − PKC[37] 与 Niederreiter − PKC[38] 的构作，以及它们的安全性分析（文献[39]，第三章）. 最后介绍用 Goppa 码构作的数字签名方案.

7.1 有限域

设 A 是一个非空的集合. 若 A 中的一种运算(是一种映射) $*$ 满足 $\forall a,b\in A\Rightarrow a*b\in A$,则说运算 $*$ 为 A 上的封闭运算. 若集合 A 上存在两种封闭运算 $+$ 与 $*$(分别称为加与乘)满足:

(1) 对 $\forall a,b,c\in A$,都有$(a+b)+c=a+(b+c)$.

(2) 有一零元 $0\in A$,使得对 $\forall a\in A$ 都有

$$a+0=0+a=a$$

(3) 对 $\forall a\in A$ 都有负元 $-a\in A$ 使得

$$a+(-a)=(-a)+a=0$$

(4) 对 $\forall a,b\in A$,都有 $a+b=b+a$.

(5) 对 $\forall a,b,c\in A$,都有$(a*b)*c=a*(b*c)$.

(6) 对 $\forall a,b,c\in A$,都有

$$a*(b+c)=a*b+a*c \text{ 与} (b+c)*a=b*a+c*a$$

则 A 称为环. 若 A 上的封闭运算“$+$”仅满足(1)～(3),则说 A 对加运算构成一个群. 由(1)～(4)知,A 在加运算下是一个交换群. 这样,环 A 就是在 A 上定义加与乘两种封闭运算满足:A 对加运算构成一个交换群,并且对乘运算满足结合律(5)与分配律(6). 若对 $\forall a,b\in A$ 皆成立$a*b=b*a$,则环 A 称为交换环. 若存在一个非零元 $1\in A$,使得对 $\forall a\in A$ 皆成立 $1*a=a*1=a$,则 1 称为环 A 上的幺元,这时环 A 称为含幺环.

在 A 中可以定义减法,即 $a-b\triangleq a+(-b)$. 设 B 是 A 的非空子集,若对 $\forall a,b\in B$ 有 $a-b\in B$,并且

对 $\forall a \in A, b \in B$ 有 $a * b, b * a \in B$，则 B 称为 A 的理想. 容易知道，B 也是环，称为 A 的子环.

设 A 是一个含幺交换环，若对 $\forall a \in A, a \neq 0$，$\exists a^{-1} \in A$ 使得 $a * a^{-1} = a^{-1} * a = 1$，这里 1 为 A 的幺元，则 A 称为域. 若 A 是一个含幺交换环，并且不含零因子(即 $\forall a, b \in A$ 均有 $a * b = 0 \Rightarrow a = 0$ 或 $b = 0$)，则称 A 为整环. 显然，任意一域均是一整环.

例如，有理数集 $\mathbf{Q}$ 与实数集 $\mathscr{R}$ 在通常加法与乘法运算下均构成域. 但整数集 $\mathscr{Z}$ 不能构成域，因为 $a \in \mathscr{Z}$，$a \neq 1, 0$ 不存在 $a^{-1} \in \mathscr{Z}$ 使得 $a \cdot a^{-1} = a^{-1} \cdot a = 1$. 可以验证 $\mathscr{Z}$ 构成整环，称为整数环. 类似地，设 θ 为 n 次代数整数，$\mathbf{Q}(\theta)$ 与 $\mathscr{R}(\theta)$ 均构成域，而 $\mathscr{Z}[\theta]$ 构成整环. 设 $\mathscr{Z}_m$ 是模 $m(>1)$ 的完全剩余系(见第 2 章 2.1 中的 2.1.2)，则在 $\mathscr{Z}_m$ 中定义模 m 的加法与乘法，可以验证 $\mathscr{Z}_m$ 构成一环. 但不是整环，例如在环 $\mathscr{Z}_6$ 中，$2 \cdot 3 = 0$，但 $2 \neq 0, 3 \neq 0$. 但当 m 是素数时 $\mathscr{Z}_m$ 不仅是整环，还是一个域. 一般地，我们有：

定理 7.1　有限整环 D 是域.

证　设 D 有 n 个元素，记 $D = \{a_1, a_2, \cdots, a_n\}$. 设 $\forall a \in D, a \neq 0$，我们考虑如下 n 个元素

$$a * a_1, a * a_2, \cdots, a * a_n$$

在整环 D 中，因 $a \neq 0$，若 $a * a_i = a * a_j (i \neq j)$，则 $a * (a_i - a_j) = 0$. 所以 $a_i - a_j = 0$，即 $a_i = a_j$，矛盾. 这就证明任两个 $a * a_i$ 与 $a * a_j (i \neq j)$ 是不等的. 因此 $D = \{a * a_1, a * a_2, \cdots, a * a_n\}$. 由于 D 存在幺元 1，故必有 $a * a_k = 1$，而 a 是 D 中任一非零元，故 D 是一域，证毕.

一个域 $\mathscr{F}$，若元素个数是有限的，则 $\mathscr{F}$ 叫作有限

域，否则叫无限域. 例如实数域、有理数域等是无限域，而 $\mathscr{Z}_p$（p 为素数）是有限域.

在域 $\mathscr{F}$ 中，最小子域的元素个数称为域 $\mathscr{F}$ 的特征. 当 $\mathscr{F}$ 的特征为素数 p 时，对 $\forall a,b\in\mathscr{F}$，均有 $(a+b)^{p^n}=a^{p^n}+b^{p^n}$.

q 元的有限域记为 $\mathscr{F}_q$ 或 $\mathrm{GF}(q)$，q 称为域 $\mathscr{F}_q$ 的阶. 当 $q=p$ 是素数时，$\mathscr{F}_p$ 称为素域，此时 $\mathscr{F}_p=\mathscr{Z}_p=\{0,1,\cdots,p-1\}$. 今后常以 p 表素数.

考虑系数取自 $\mathscr{F}_p$ 的多项式

$$f(x)=a_0+a_1x+\cdots+a_{n-1}x^{n-1}$$

由于每个 $a_i(i=0,1,\cdots,n-1)$ 可取 $\mathscr{F}_p$ 中任一个元，故这种多项式共有 p^n 个. 记

$$\mathscr{F}_{p^n}=\{a_0+a_1x+\cdots+a_{n-1}x^{n-1}\mid(a_0,a_1,\cdots,a_{n-1})\in\mathscr{F}_p^n\}$$

设 $g_n(x)$ 是 $\mathscr{F}_p$ 上 n 次不可约多项式，则在 $\mathscr{F}_{p^n}$ 上定义重模〔$g_n(x),p$〕的加法与乘法：$\forall A(x),B(x)\in\mathscr{F}_{p^n}$，若

$$A(x)\equiv Q(x)(\mathrm{modd}\ g_n(x),p)$$
$$B(x)\equiv R(x)(\mathrm{modd}\ g_n(x),p)$$

则

$$A(x)+B(x)\equiv Q(x)+R(x)(\mathrm{modd}\ g_n(x),p)$$
$$A(x)\cdot B(x)\equiv Q(x)\cdot R(x)(\mathrm{modd}\ g_n(x),p)$$

这里，所谓重模（modd）同余 $A(x)\equiv Q(x)(\mathrm{modd}\ g_n(x),p)$ 是指 $A(x)-Q(x)=g_n(x)K(x)$，并且所有的多项式系数均在 $\mathscr{F}_p$ 中.

于是容易验证，$\mathscr{F}_{p^n}$ 也构成一个有限域，称为 $\mathscr{F}_p$ 的 n 次扩张. 例如，$\mathscr{F}_2$ 的 2 次扩张 $\mathscr{F}_{2^2}=\{0,1,x,x+1\}$.

类似地，可以定义 $\mathscr{F}_{p^n}$ 的 s 次扩张 $\mathscr{F}_{(p^n)^s}$. 一方面，$\mathscr{F}_{(p^n)^s}$ 可以由 $\mathscr{F}_p$ 的 ns 次扩张得到；另一方面，$\mathscr{F}_{(p^n)^s}$ 也

可以由 $\mathscr{F}_{p^n}$ 的 s 次扩张得到. 定义三重模 $[g_s(x), g_n(x), p]$ 的加法与乘法,可证 $\mathscr{F}_{(p^n)^s}$ 仍然是一个有限域,其元素是系数取自 $\mathscr{F}_{p^n}$ 的次数不高于 $s-1$ 的多项式. 一般说来,$\mathscr{F}_{p^{ns}}$ 与 $\mathscr{F}_{(p^n)^s}$ 虽然均为 p^{ns} 阶的有限域,但域中元素可能各不相同. 在 $\mathscr{F}_{p^{ns}}$ 与 $\mathscr{F}_{(p^n)^s}$ 之间,可以定义可逆映射 σ 满足 $\forall a,b \in \mathscr{F}_{p^{ns}}$ 有 $\sigma(a*b) = \sigma(a)*\sigma(b)$(即当 $a \to \sigma(a), b \to \sigma(b)$ 时,$a*b \to \sigma(a*b)$),所以 $\mathscr{F}_{p^{ns}}$ 与 $\mathscr{F}_{(p^n)^s}$ 被称为同构. 在同构的意义下,对任意整数 $n>1$,$\mathscr{F}_{p^n}$ 是唯一的 p^n 阶域.

在域 $\mathscr{F}_{p^n}$ 中,设 $a \in \mathscr{F}_{p^n}$,由 $a*a=a^2, a^2*a=a^3, \cdots \in \mathscr{F}_{p^n}$. 由 $\mathscr{F}_{p^n}$ 是有限域知,必有一最小的正整数 ε 使 $a^\varepsilon=1$. 这样的 ε 称为元 a 的周期. 对 $\forall a \in \mathscr{F}_{p^n}$,若 a 的周期为 p^n-1,则 a 称为 $\mathscr{F}_{p^n}$ 的本原元. 设 θ 是 $\mathscr{F}_{p^n}$ 的本原元,则乘幂 $\theta^0, \theta^1, \cdots, \theta^{p^n-2}$ 必定互异,并遍历 $\mathscr{F}_{p^n}$ 的全体非零元,因此 $\mathscr{F}_{p^n}$ 的乘群 $\mathscr{F}_{p^n}^* = \{\theta^0, \theta^1, \cdots, \theta^{p^n-2}\}$. θ 也称为 $\mathscr{F}_{p^n}$ 的乘法生成元. 可以证明,θ 是 $\mathscr{F}_{p^n}$ 的乘法生成元的充要条件是对 p^n-1 的任意素因子 r 均有 $\theta^{(p^n-1)/r} \neq 1$.

7.2　Goppa 码

Goppa 码是用有限域 $\mathscr{F}_{p^n}$ 的元素定义的一种纠错码. 首先,要有一个系数在 $\mathscr{F}_{p^n}$ 上的多项式 $G(x)$,设 $L=\{\alpha_1, \cdots, \alpha_m\}$ 是 $\mathscr{F}_{p^n}$ 的子集,满足 $G(\alpha_i) \neq 0 (i=1, \cdots, m)$. 令

$$R_a(x) = \sum_{i=1}^{m} \frac{a_i}{x-\alpha_i}$$

这里向量 $\boldsymbol{a}=(a_1,\cdots,a_m)\in\mathscr{F}_p^m$,则所有满足 $R_{\boldsymbol{a}}(x)\equiv 0(\bmod G(x))$ 的向量 $\boldsymbol{a}$ 构成 Goppa 码,记为 $\mathscr{T}(L,G)$. 其中每个向量 $\boldsymbol{a}$ 称为 $\mathscr{T}(L,G)$ 的一个码字. 若 $G(x)$ 是 $\mathscr{F}_{p^n}$ 上不可约多项式,则 Goppa 码称为不可约 Goppa 码.

设 $\boldsymbol{a}=(a_1,\cdots,a_m),\boldsymbol{b}=(b_1,\cdots,b_m)\in\mathscr{T}(L,G)$,定义码字 $\boldsymbol{a}$ 与 $\boldsymbol{b}$ 之间的距离为

$$d(\boldsymbol{a},\boldsymbol{b})=\sum_{i=1}^{m}|a_i-b_i|$$

显然 $0\leqslant d(\boldsymbol{a},\boldsymbol{b})\leqslant m(p-1)$. Goppa 码 $\mathscr{T}(L,G)$ 中最小距离定义为

$$d=\min_{\boldsymbol{a},\boldsymbol{b}\in\mathscr{T}} d(\boldsymbol{a},\boldsymbol{b})$$

Goppa 码有以下性质:

(1) $\mathscr{T}(L,G)$ 是 $\mathscr{F}_p$ 上的线性码,即 $\forall\,\boldsymbol{a},\boldsymbol{b}\in\mathscr{T}(L,G)$ 有 $\boldsymbol{a}+\boldsymbol{b}\in\mathscr{T}(L,G)$.

(2) 码字的长度为 $m=|L|$.

(3) 维数 $k\geqslant m-nr$,r 是多项式 $G(x)$ 的次数,维数 k 定义为

$$k=\log_2|\mathscr{T}(L,G)|$$

(4) 码字间的最小距离 $d\geqslant r+1$.

(5) 码的较验矩阵为

$$\boldsymbol{H}=\begin{bmatrix}\dfrac{1}{G(\alpha_1)} & \dfrac{1}{G(\alpha_2)}\cdots & \dfrac{1}{G(\alpha_m)}\\ \dfrac{\alpha_1}{G(\alpha_1)} & \dfrac{\alpha_2}{G(\alpha_2)}\cdots & \dfrac{\alpha_m}{G(\alpha_m)}\end{bmatrix}$$

(6) 有快速译码算法,例如[10*],Goppa 码译码的计算复杂度为 $O(m\log^2 m)$.

我们可以通过一个例子来理解上述概念. 设

$G(x)=x^2+x+1$ 为 $\mathscr{F}_{2^3}=\{0,\alpha^0,\alpha^1,\cdots,\alpha^6\}$ 上的多项式，其中 $\mathscr{F}_{2^3}$ 中 α 是该域的乘法生成元. 取 $\mathscr{F}_2$ 上不可约多项式 x^3+x+1 构造 $\mathscr{F}_{2^3}$，得到表 7.1$\mathscr{F}_{2^3}$ 的表示所示的三种对应关系表示法. 这里选择 $\mathscr{F}_2$ 上不可约多项式 x^3+x+1 构造 $\mathscr{F}_{2^3}$ 是最佳的. 因为 Blakley 证明，以 $\mathscr{F}_2$ 上形如 x^n+x+1 的不可约三项式作模，在 $\mathscr{F}_{2^n}$ 中做乘法运算效率极高. 当$2\leqslant n\leqslant 127$ 时，这种三项式为 $\mathscr{F}_2$ 上不可约多项式的是

$$n=2,3,4,6,7,9,15,22,28,30,46,60,63,127$$

（参阅文献[2*]，pp. 106-107).

表 7.1　$\mathscr{F}_{2^3}$ 的表示

多项式表示	位串表示	生成元 α 表示
0	000	0
1	100	α^0
x	010	α
$1+x$	110	α^3
x^2	001	α^2
$1+x^2$	101	α^6
$x+x^2$	011	α^4
$1+x+x^2$	111	α^5

设 $L=\mathscr{F}_{2^3}$，由 $G(x)$ 构造矩阵 $\boldsymbol{H}$ 如下

$$\boldsymbol{H}=\begin{bmatrix}\dfrac{1}{G(0)} & \dfrac{1}{G(\alpha^0)}\cdots\dfrac{1}{G(\alpha^6)}\\ \dfrac{0}{G(0)} & \dfrac{\alpha^0}{G(\alpha^0)}\cdots\dfrac{\alpha^6}{G(\alpha^6)}\end{bmatrix}=$$

$$\begin{bmatrix}1 & 1 & \alpha^2 & \alpha^4 & \alpha^2 & \alpha & \alpha & \alpha^4\\ 0 & 1 & \alpha^3 & \alpha^6 & \alpha^5 & \alpha^5 & \alpha^6 & \alpha^3\end{bmatrix}$$

其中用到 $\alpha^7=1$. 将 $\boldsymbol{H}$ 阵中每个元素用列位串表示，$\boldsymbol{H}$

可写成

$$
\boldsymbol{H}=\begin{bmatrix}1&1&0&0&0&0&0&0\\0&0&0&1&0&1&1&1\\0&0&1&1&1&0&0&1\\0&1&1&1&1&1&1&1\\0&0&1&0&1&1&0&1\\0&0&0&1&1&1&1&0\end{bmatrix}
$$

$\boldsymbol{H}$ 的这种表示是将 $\mathscr{F}_2^8$ 中的元(即 8 位串)映射成 $\mathscr{F}_2^6$ 中的元(6 位串). 用同态核的概念知,码即同态核的元素. 对于这个例子,容易知道 $\mathscr{T}(\mathscr{F}_{2^3},\boldsymbol{G})$ 有四个元素,即 Goppa 码为

00000000,00111111,11110100,11001011

今后为了方便,我们总在 $\mathscr{F}_2$ 中讨论 Goppa 码.

设 k 为 Goppa 码的维数,则校验矩阵 $\boldsymbol{H}$ 是 $(m-k)\times m$ 阶矩阵. 由 $\boldsymbol{H}$ 可求得一个 $k\times m$ 阶矩阵 $\boldsymbol{G}$ 使得

$$\boldsymbol{H}\boldsymbol{G}^{\mathrm{T}}=\boldsymbol{0}$$

这里 $\boldsymbol{G}^{\mathrm{T}}$ 表示 $\boldsymbol{G}$ 的转置矩阵(显然,上式成立时 $\boldsymbol{G}\boldsymbol{H}^{\mathrm{T}}=\boldsymbol{0}$ 也成立). 例如,将 $\boldsymbol{H}$ 化成

$$\boldsymbol{H}=[\boldsymbol{A}\ \vdots\ \boldsymbol{I}_{m-k}]_{(m-k)\times m}$$

这里 $\boldsymbol{I}_{m-k}$ 为 $m-k$ 阶单位阵,则 $\boldsymbol{G}=[\boldsymbol{I}_k\ \vdots\ -\boldsymbol{A}^{\mathrm{T}}]_{k\times m}$. 我们称 $\boldsymbol{G}$ 为码的生存矩阵或变换矩阵. 生存矩阵 $\boldsymbol{G}$ 的作用是将信息 $\boldsymbol{y}$(k 维向量)变换为码字 $\boldsymbol{x}$(n 维向量)中,即

$$\boldsymbol{x}=\boldsymbol{y}\boldsymbol{G}$$

这个过程称为编码. 已知码字 $\boldsymbol{x}$ 与变换矩阵 $\boldsymbol{G}$,求信息 $\boldsymbol{y}$ 称为译码,其中 $\boldsymbol{y}$ 的 Hamming 重量 $W_H(\boldsymbol{y})\leqslant r$(上例中 $r=2$).

7.3 McEliece－PKC 与 Niederreiter－PKC

我们在第 1 章 1.2 中的 1.2.3 中介绍的陪集重量问题与子空间重量问题均是 *NPC* 问题，它对应到 $\mathscr{F}_2$ 上的一般的二元线性码中，相应的结论就是 $\mathscr{F}_2$ 上线性码的译码或求给定重量的码字问题均是属于 *NPC* 类的. 然而，$\mathscr{F}_2$ 上 Goppa 码的译码具有快速算法[10*]，所以，可用 Goppa 码来构作 PKC.

1978 年，McEliece[37] 基于 $\mathscr{F}_2$ 上 Goppa 码译码问题构作了第一个代数编码型的 PKC，称为 McEliece－PKC. 1986 年，Niederreiter[38] 构作了又一个稍微不同的 PKC. 下面我们就来介绍这两种 PKC 及相应的一些讨论.

7.3.1 McEliece－PKC

在 $\mathscr{F}_{2^n}$ 上随机选取一个 r 次不可约多项式 $G(x)$，则由 7.2 的方法可以得到 $\mathscr{F}_2$ 上码长 $m=2^n$，维数 $k\geqslant m-nr$ 的一个不可约 Goppa 码，其生成矩阵是 $k\times m$ 阶矩阵 $\boldsymbol{G}$，校验矩阵是 $(m-k)\times m$ 阶矩阵 $\boldsymbol{H}$. 任选 $\mathscr{F}_2$ 上的 $k\times k$ 阶可逆矩阵 $\boldsymbol{S}$ 及 $m\times m$ 阶置换矩阵 $\boldsymbol{P}$，计算 $\boldsymbol{SGP}\triangleq\boldsymbol{G}'$. $\boldsymbol{G}'$ 可以以同样的信息率和最小距离产生线性码，即由 $\boldsymbol{G}'$ 生成的码与由 $\boldsymbol{G}$ 生成的码是组合等价的，$\boldsymbol{G}'$ 代表的是一般线性码. 于是 McEliece－PKC 构成如下：

p：$\boldsymbol{G}'$.

s：$\boldsymbol{S},\boldsymbol{G},\boldsymbol{P}$.

$\boldsymbol{m}$:$\boldsymbol{m}$ 是 $\mathscr{F}_2$ 上的 k 维向量,即 $\boldsymbol{m} \in \mathscr{F}_2^k$.

$\boldsymbol{c}$:$\boldsymbol{c} = \boldsymbol{m}\boldsymbol{G}' + \boldsymbol{z}$,这里 $\boldsymbol{z} \in \mathscr{F}_2^m$ 是满足 $W_H(\boldsymbol{z}) = r$ 的随机向量.

$\boldsymbol{D}$:第一步,计算 $\boldsymbol{cP}^{\mathrm{T}}$. 因为 $\boldsymbol{cP}^{\mathrm{T}} = \boldsymbol{mSG} + \boldsymbol{zP}^{\mathrm{T}}$,故再计算 $\boldsymbol{cP}^{\mathrm{T}}\boldsymbol{H}^{\mathrm{T}}$,得

$$\boldsymbol{cP}^{\mathrm{T}}\boldsymbol{H}^{\mathrm{T}} = \boldsymbol{mSGH}^{\mathrm{T}} + \boldsymbol{zP}^{\mathrm{T}}\boldsymbol{H}^{\mathrm{T}} = (\boldsymbol{zP}^{\mathrm{T}})\boldsymbol{H}^{\mathrm{T}}$$

第二步,用 Goppa 码快速译码算法对上式进行快速译码,因 $W_H(\boldsymbol{zP}^{\mathrm{T}}) = W_H(\boldsymbol{z}) = r$,故可译出 $\boldsymbol{zP}^{\mathrm{T}}$. 从 $\boldsymbol{cP}^{\mathrm{T}} = (\boldsymbol{mS})\boldsymbol{G} + \boldsymbol{zP}^{\mathrm{T}}$ 求出 $\boldsymbol{mS}$.

第三步,计算 $\boldsymbol{mS} \cdot \boldsymbol{S}^{-1}$ 即得明文 $\boldsymbol{m}$.

对 McEliece－PKC 的攻击主要有两个方面:一是破译秘密钥 $\boldsymbol{S},\boldsymbol{G},\boldsymbol{P}$;另一是对具体密文的破译. 已知 $\boldsymbol{G}' = \boldsymbol{SGP}$,要具体地求出 $\boldsymbol{S},\boldsymbol{G},\boldsymbol{P}$ 是十分困难的[40]. 我们定义 $\boldsymbol{G}'$ 与 $\boldsymbol{G}$ 等价,是指存在 $\mathscr{F}_2$ 上 $k \times k$ 阶可逆矩阵 $\boldsymbol{S}_i$ 与 $m \times m$ 阶置换矩阵 $\boldsymbol{P}_i$ 使 $\boldsymbol{G}' = \boldsymbol{S}_i\boldsymbol{G}\boldsymbol{P}_i$. 所有与 $\boldsymbol{G}'$ 等价的矩阵组成的集合叫 $\boldsymbol{G}'$ 的等价类. 1989 年,Adams 与 Meijer[40] 指出,在公钥 $\boldsymbol{G}'$ 的等价类中,以极大的概率只存在一个矩阵是 Goppa 码的生成矩阵 $\boldsymbol{G}$,且只有当 $\boldsymbol{S}_i = \boldsymbol{S},\boldsymbol{P}_i = \boldsymbol{P}$ 才能把 $\boldsymbol{G}'$ 变换成 $\boldsymbol{G} = \boldsymbol{S}^{-1}\boldsymbol{G}'\boldsymbol{P}^{-1}$. 由此可知,破译者只有找到 $\boldsymbol{S},\boldsymbol{P}$ 才能将 $\boldsymbol{G}'$ 映射成 $\boldsymbol{G}$. 此外,在不知道秘密钥 $\boldsymbol{s}$ 时,要破译具体密文也是十分困难的. 因为 $\mathscr{F}_2$ 上满足 $W_H(\boldsymbol{z}) = r$ 的随机向量不能求出. 所以,McEliece－PKC 具有很高的安全性(参阅文献[39],或文献[40]与文献[41]).

1986 年,王新梅[42] 发现,在 McEliece－PKC 中,供加密使用的 $\mathscr{F}_2$ 上 m 维向量 $\boldsymbol{z}$ 的 Hamming 重量 $W_H(\boldsymbol{z}) = r$ 可修改为 $W_H(\boldsymbol{z}) < r$,这时体制不仅仍是安

全的，而且还具有纠 $r-W_H(\boldsymbol{z})$ 个错误的纠错能力. 对具体参数的选取还有很多的工作[39]，例如 Lee 与 Brickell[43] 建议选取 $19 \leqslant r \leqslant 65$ 等.

7.3.2　Niederreiter－PKC

Niederreiter[38] 注意到将码的校验矩阵 $\boldsymbol{H}$ 隐蔽起来可以同样构作 PKC.

设 $\mathscr{F}_2$ 上的不可约 Goppa 码的生成矩阵与校验矩阵分别为 $k \times m$ 阶矩阵 $\boldsymbol{G}$ 与 $(m-k) \times m$ 阶矩阵 $\boldsymbol{H}$. 任选 $\mathscr{F}_2$ 上的 $(m-k) \times (m-k)$ 阶可逆矩阵 $\boldsymbol{M}$ 与 $m \times m$ 阶置换矩阵 $\boldsymbol{P}$，计算 $\boldsymbol{MHP} \triangleq \boldsymbol{H}'$. 则 Niederreiter－PKC 构成如下：

$\boldsymbol{p}$：$\boldsymbol{H}'$.

$\boldsymbol{s}$：$\boldsymbol{M}, \boldsymbol{H}, \boldsymbol{P}$.

$\boldsymbol{m}$：$\boldsymbol{m} \in \mathscr{F}_2^m$，且 $W_H(\boldsymbol{m}) \leqslant r$.

$\boldsymbol{c}$：$\boldsymbol{c} = \boldsymbol{m}\boldsymbol{H}'^{\mathrm{T}}$，显然 $\boldsymbol{c} \in \mathscr{F}_2^{m-k}$.

$\boldsymbol{D}$：第一步，计算 $\boldsymbol{c}(\boldsymbol{M}^{\mathrm{T}})^{-1}$；第二步，对 $\boldsymbol{c}(\boldsymbol{M}^{\mathrm{T}})^{-1} = (\boldsymbol{m}\boldsymbol{P}^{-1})\boldsymbol{H}^{\mathrm{T}}$ 使用 Goppa 码的快速译码算法得到 $\boldsymbol{m}\boldsymbol{P}^{-1}$（因为 $W_H(\boldsymbol{m}\boldsymbol{P}^{-1}) = W_H(\boldsymbol{m})$）；第三步，对 $\boldsymbol{m}\boldsymbol{P}^{-1}$ 右乘 $\boldsymbol{P}$，得明文 $\boldsymbol{m}$.

根据 $\boldsymbol{G}$ 与 $\boldsymbol{H}$ 的关系（见 7.2），可以类似地得到[39]：McEliece－PKC 与 Niederreiter－PKC 的安全性是等价的. 假设这两类 PKC 均选用 $\mathscr{F}_2$ 上的不可约 Goppa 码，在 McEliece－PKC 中，公钥 $\boldsymbol{G}' = \boldsymbol{SGP}$，通过对 $\boldsymbol{G}'$ 的系统化，可以找到满足

$$\boldsymbol{G}' \cdot \boldsymbol{H}'^{\mathrm{T}} = \boldsymbol{0}$$

的 $(m-k) \times m$ 阶矩阵 $\boldsymbol{H}'$. 因为 McEliece－PKC 的加密算法为

$$c = mG' + z, W_H(z) \leqslant r$$

故右乘 H'^{T}，得

$$cH'^{\mathrm{T}} = zH'^{\mathrm{T}} \tag{7.1}$$

由此知，当已知 c 及 G' 时，可求出 H'^{T} 与 cH'^{T}. 如果 Niederreiter－PKC 可破译，即已知 cH' 与 H'^{T}，从式(7.1)解出 z，那么 McEliece－PKC 亦可破译. 反之，在 Niederreiter－PKC 中，根据公钥 H'，可以找到一个 $k \times m$ 阶矩阵 G' 使之满足

$$H'G'^{\mathrm{T}} = 0$$

由密文 c 及公钥 H'，可找到 m' 满足 $c = m'H'^{\mathrm{T}}$. 令

$$m' = mG' + z \tag{7.2}$$

则有

$$c = m'H'^{\mathrm{T}} = zH'^{\mathrm{T}} \tag{7.3}$$

c 是 z 的密文. 若 McEliece－PKC 可破译，则已知 m'，G' 可从式(7.2)求出 m，因而可求出 z. 这说明已知 c 及 H'，可从式(7.3)解出 z. 因此可破译 Niederreiter－PKC.

1991 年，李元兴[39] 综述并详细讨论了这两种体制的安全性与参数的选取，这对于实际设计这两种 PKC 有一定的指导意义.

7.4 Goppa 码数字签名方案

用 PKC 实现数字签名(第 1 章 1.3 中 1.3.2)，既能证实发送者的身份，又能秘密传送消息，这是一举双得的好事. 然而并不是所有的 PKC 均能用于数字签名. 另一方面，很多时候只需要鉴别发送者的身份，并不需

要对发送的内容提供加密. 所以，抛开 PKC 而直接研究数字签名本身也是有意义的. 本节介绍的两种 Goppa 码数字签名方案，就是出于这样一种考虑.

7.4.1　方案之一

我们将码长为 m，维数为 k，$\mathscr{F}_{2^n}$ 上的多项式 $G(x)$ 的次数为 r 的 Goppa 码(7.2) 称为(m,k,r)Goppa 码. $\mathscr{F}_2$ 上的不可约 (m,k,r)Goppa 码的码长 $m = |\mathscr{F}_{2^n}| = 2^n$. 1990 年，王新梅[64] 利用 $\mathscr{F}_2$ 上不可约(m,k,r)Goppa 码构作了一类数字签名方案. 这个数字签名仅仅用来证实发送者的身份，而对发送的内容不提供加密.

设用户 A 选定了 $\mathscr{F}_2$ 上的某个(m,k,r) 不可约 Goppa 码，$\boldsymbol{G}$,$\boldsymbol{H}$ 分别为该 Goppa 码的 $k\times m$ 阶生成矩阵与$(m-k)\times m$ 阶的校验矩阵，任选 $\mathscr{F}_2$ 上的 $k\times k$ 阶可逆矩阵 $\boldsymbol{S}$ 与 $m\times m$ 阶置换矩阵 $\boldsymbol{P}$. 设 $\boldsymbol{G}_A$ 是满足

$$\boldsymbol{G}\boldsymbol{G}_A = \boldsymbol{I}_A$$

的任意 $m\times k$ 阶矩阵，这里 $\boldsymbol{I}_A$ 为 $k\times k$ 阶单位矩阵. 令矩阵

$$\boldsymbol{J} = \boldsymbol{P}^{-1}\boldsymbol{G}_A\boldsymbol{S}^{-1} = \boldsymbol{P}^{-1}\boldsymbol{W}_A,\boldsymbol{T} = \boldsymbol{P}^{-1}\boldsymbol{H}^T$$

这里 $\boldsymbol{W}_A = \boldsymbol{G}_A\boldsymbol{S}^{-1}$，则 A 将 $\boldsymbol{J}$,$\boldsymbol{W}_A$,$\boldsymbol{T}$,$\boldsymbol{H}$ 公开，作为验证签名的密钥(简称验签密钥)，而将 $\boldsymbol{SG}$ 及 $\boldsymbol{P}$ 保密，作为签名密钥.

A 对 k 维消息向量 $\boldsymbol{m}$ 作如下数字签名

$$\boldsymbol{c} = (\boldsymbol{z} + \boldsymbol{mSG})\boldsymbol{P}$$

这里 $\boldsymbol{z}$ 是 $W_H(\boldsymbol{z}) = r$ 的 m 维随机向量，$\boldsymbol{c}$ 是 $\boldsymbol{m}$ 的数字签名.

用户 B 收到 $\boldsymbol{c}$ 后，用用户 A 公开的验签密钥对 $\boldsymbol{c}$ 做

如下验算：

(1) 计算 $\boldsymbol{cT}$，并对 $\boldsymbol{cT}=\boldsymbol{zH}^{\mathrm{T}}$ 做快速译码，得出 $\boldsymbol{z}$.

(2) 计算 $\boldsymbol{cJ}$，$\boldsymbol{cJ}=\boldsymbol{zW}_{A}+\boldsymbol{m}$.

(3) 计算 $\boldsymbol{cJ}-\boldsymbol{zW}_{A}$，从而得到 $\boldsymbol{m}$.

由此，B 确认 $\boldsymbol{m}$ 由 A 所发，而 A 也不能否认 $\boldsymbol{m}$ 是他所发，因为除了 A，谁也不知道 $\boldsymbol{SG}$，$\boldsymbol{P}$. 任一个冒充 A 的用户，想从 A 公开的 $\boldsymbol{J}$，$\boldsymbol{W}_{A}$，$\boldsymbol{T}$，$\boldsymbol{H}$ 求出 $\boldsymbol{SG}$ 与 $\boldsymbol{P}$ 是困难的(计算复杂性将为 $O((m-k)!)$ 或 $O(2^{m-k})$).

若 A 将 $\boldsymbol{J}$ 转置，即 $\boldsymbol{J}^{\mathrm{T}}=(\boldsymbol{S}^{-1})^{\mathrm{T}}\boldsymbol{G}_{A}^{\mathrm{T}}\boldsymbol{P}$，则该数字签名方案就成了 McEliece－PKC(7.3.1).

7.4.2　方案之二

1991 年，李元兴与梁传甲[65] 利用 Goppa 码实现了一个新的数字签名方案，具体设计是：设用户 A 选定了 $\mathscr{F}_2$ 上的某个(m,k,r)不可约 Goppa 码，$\boldsymbol{G}$，$\boldsymbol{H}$，$\boldsymbol{P}$ 与前相同. A 计算 $\boldsymbol{HP}\triangleq\boldsymbol{H}'$，则 $\boldsymbol{A}$ 将 $\boldsymbol{H}'$ 公开，作为验签密钥，$\boldsymbol{H}$，$\boldsymbol{P}$ 保密，作为签名密钥.

令 $\boldsymbol{L}$ 代表 $\mathscr{F}_2$ 上所有重量为 r 的 m 维向量，则 $|\boldsymbol{L}|=\binom{m}{r}$. 对 $\forall\boldsymbol{e}\in\boldsymbol{L}$，都可唯一对应一个 $\boldsymbol{s}$ 满足 $\boldsymbol{eH}^{\mathrm{T}}=\boldsymbol{s}$；反过来，$\boldsymbol{s}$ 经译码后，又可唯一得到 $\boldsymbol{e}$. 因此 $\boldsymbol{e}\in\boldsymbol{L}$ 与 $\boldsymbol{s}$ 有单值对应关系. 我们称 $\boldsymbol{s}$ 为 $\boldsymbol{e}$ 的伴随式.

A 在进行签名前，先要完成以下的准备工作：

(1) 对需要签名的 $\mathscr{F}_2$ 上的消息流按 l 长分组，这时 l 满足：A 对在 $\boldsymbol{L}$ 中随机选取的由 2^{l} 的元素组成的子集 U，计算一遍 U 中每个元素的伴随式能在合理的时间内完成. 显然，l 只能取较小的正整数.

(2)A 在 $\boldsymbol{L}$ 中随机选取一个由 2^{l} 个元素组成的子集 U，并计算 U 中每个元素的伴随式，即对 $\forall\boldsymbol{e}\in U$，计

算 $\boldsymbol{e}\cdot\boldsymbol{H}^{\mathrm{T}}=\boldsymbol{s}$.

(3) 在 2^l 个 l 维消息向量 $\boldsymbol{m}$ 与伴随式 $\boldsymbol{s}$ 之间建立一一对应关系，将 $(\boldsymbol{m},\boldsymbol{s})$ 公开.

现在，A 对消息向量 $\boldsymbol{m}$ 进行签名：

第一步，将需要签名的任意 l 维消息向量 $\boldsymbol{m}$，与公开的对应关系比较，找到相应的 $(m-k)$ 维伴随式 $\boldsymbol{s}$. 将 $\boldsymbol{s}$ 用快速译码算法求得一个 m 维向量 $\boldsymbol{e}$，即

$$\boldsymbol{s}=\boldsymbol{e}\cdot\boldsymbol{H}^{\mathrm{T}}$$

显然 $W_H(\boldsymbol{e})=t$.

第二步，将 $\boldsymbol{e}$ 右乘 $(\boldsymbol{P}^{\mathrm{T}})^{-1}=\boldsymbol{P}$，得到对 $\boldsymbol{m}$ 的签名 $\boldsymbol{c}=\boldsymbol{eP}$.

用户 B 为了证实 $\boldsymbol{c}$ 确是 A 所发，将用 A 的验签密钥进行验证：

第一步，用 A 公开的 $\boldsymbol{H}'$，做如下运算

$$\boldsymbol{c}(\boldsymbol{H}')^{\mathrm{T}}=\boldsymbol{eP}\cdot\boldsymbol{P}^{-1}\boldsymbol{H}^{\mathrm{T}}=\boldsymbol{s} \tag{7.4}$$

第二步，根据 A 公开的 $\boldsymbol{s}$ 与 $\boldsymbol{m}$ 间的对应关系，找到 $\boldsymbol{m}$，从而正确恢复 A 所发的消息.

显然，任何一个用户可以验证 $\boldsymbol{m}$ 确是 A 所发. 但是，任何不是 A 的用户试图冒充 A 的签名是困难的. 因为这时只有这样几个途径：

(1) 分解 $\boldsymbol{H}'$ 得到 $\boldsymbol{H}$ 与 $\boldsymbol{P}$. 但分解 $\boldsymbol{H}'$ 没有唯一性，分解成功的计算复杂性为 $O(m!)$ 或 $O(2^{m-r})$.

(2) 随机猜 $\boldsymbol{m}$ 的签名. 但猜对签名的计算复杂性为 $O(\binom{m}{r})$.

(3) 根据式(7.4)与已知的 $\boldsymbol{s},\boldsymbol{H}'$，求 $\boldsymbol{c}$. 因为 $W_H(\boldsymbol{c})=r$，故[4]这是 NPC 问题(第 1 章 1.2 中 1.2.3).

(4) 因为式(7.4)等同于 Niederreiter－PKC (7.3.2) 的加密方程，因而冒充签名者可以用攻击

Niederreiter－PKC 的方法进行攻击,但这是很困难的(7.3.2).

基于离散对数的 PKC

第 8 章

到目前为止,所有的求解离散对数问题的算法均是指数时间的,所以用离散对数构作 PKC 就成为引人瞩目的课题. 本章在介绍一般离散对数概念之后,进一步介绍椭圆曲线算术中的离散对数问题,最后研究基于离散对数的各种 PKC.

8.1 离散对数

8.1.1 离散对数问题

设 A 是非空集合,在 A 上定义封闭运算 $*$,并设 A 对 $*$ 运算构成群(第 7 章 7.1),即有:

(1) 对 $\forall a,b,c \in A$ 有 $(a*b)*c=a*(b*c)$.

(2) $\exists e \in A$ 使对 $\forall a \in A$ 都有 $a*e=e*a=a$.

(3) 对 $\forall a \in A, \exists a^{-1} \in A$ 使 $a*a^{-1}=a^{-1}*a=e$.

则当 A 是有限群时,定义广义的离散对数问题如下:

实例:一个有限群 A,及 A 中两元素 $a,b \in A$.

询问:存在整数 $s \in \mathscr{Z}$ 使 $a=\underbrace{b*\cdots*b}_{s} \triangleq b^s$ 吗?

一般说来,对某些特殊的有限群,上述离散对数问题求解是容易的.例如,设 $\mathscr{Z}_m$ 是模 $m>1$ 的完全剩余系(见第2章2.1中的2.1.2),显然在 $\mathscr{Z}_m$ 上定义模m加法构成一有限群.对 $\forall a,b \in \mathscr{Z}_m$.求 x 使 $a \equiv bx \pmod{m}$ 是非常容易的(见第2章2.1中的2.1.1).但通常所说的离散对数问题,是指有限域 $\mathscr{F}_{p^n}$ 的乘群中的相应问题.这里 p 是素数,n 是正整数.

已知有限域 $\mathscr{F}_{p^n}$ 的非零元在乘法运算下构成一有限群 $\mathscr{F}_{p^n}^*$(乘群),故在 $\mathscr{F}_{p^n}^*$ 中任给两元素 $a,b \in \mathscr{F}_{p^n}^*$,寻找整数 $s \in \mathscr{Z}$(s 不妨设为正整数)使 $a=b^s$,便是 $\mathscr{F}_{p^n}^*$ 上的离散对数问题,也称为有限域 $\mathscr{F}_{p^n}$ 上的离散对数问题.

8.1.2 **原根**

对于特殊情形 $n=1$,即素域 $\mathscr{F}_p=\{0,1,2,\cdots,p-1\}$,讨论离散对数问题需要引进原根的概念.我们定义 a 对模 m 的次数 n(这里 $(a,m)=1$)是满足 $a^n \equiv 1 \pmod{m}$ 的最小正整数.若 a 对模 m 的次数是 $\varphi(m)$,则 a 称为模 m 的原根,这里 $\varphi(m)$ 为欧拉函数

（第 2 章 2.1 中 2.1.2）.

设 g 是模 m 的一个原根，则

$$g^0, g^1, \cdots, g^{\varphi(m)-1} \tag{8.1}$$

对模 m 两两不同余，故(8.1) 构成了模 m 的一个简化剩余系（参阅第 2 章 2.1 中的 2.1.2）. 因此对 $\forall a, (a, m)=1$，均 $\exists s \in \mathscr{Z}_{\varphi(m)}$ 使 $a \equiv g^s \pmod{m}$，这里 s 就称为 a 模 m 的离散对数，g 称为底. 下面我们证明重要的定理.

定理 8.1　模 m 存在原根的充要条件是 $m=2, 4, p^l$ 或 $2p^l$，这里 p 是奇素数，l 是正整数.

证　(1) 假设模 m 存在原根. 设 m 的标准分解式为

$$m = p_1{}^{l_1} \cdots p_s{}^{l_s} (l_i \in \mathscr{Z}_{>0}, i=1, \cdots, s)$$

这里 $p_1 < \cdots < p_s$ 为素数. 设 g 是模 m 的一个原根，则 $(g, m)=1$ 且由欧拉定理（第 2 章 2.1 中 2.1.2）知

$$g^{\varphi(p_i{}^{l_i})} \equiv 1 \pmod{p_i{}^{l_i}} (i=1, \cdots, s)$$

设 $l=[\varphi(p_1^{l_1}), \cdots, \varphi(p_s^{l_s})]$（最小公倍数），则上式给出

$$g^l \equiv 1 \pmod{m}$$

由 g 是模 m 的原根知，$\varphi(m) \leqslant l$，即

$$\varphi(p_1^{l_1}) \cdots \varphi(p_s^{l_s}) \leqslant [\varphi(p_1^{l_1}), \cdots, \varphi(p_s^{l_s})]$$

这只有在 $\varphi(p_1^{l_1}), \cdots, \varphi(p_s^{l_s})$ 两两互素时才能成立. 由于当素数 $p>2$ 时 $\varphi(p^l)$ 为偶数，当 $c>1$ 时 $\varphi(2^c)=2^{c-1}$ 为偶数，故 m 只可能是 $2^l, p^l, 2p^l$ 之一，这里 $p>2$. 当 $m=2^l, l>2$ 时，由归纳法知，对 $2 \nmid a$ 有 $a^{2^{l-2}} \equiv 1 \pmod{2^l}$，但 $\varphi(2^l)=2^{l-1}>2^{l-2}$，故在 $l>2$ 时 $m=2^l$ 无原根. 这就证明了模 m 存在原根时，必有 $m=2, 4, p^l$，或 $2p^l$.

(2) 显然 1 为模 2 的原根，3 为模 4 的原根，并且如

果 g 是 p^l 的一个原根，则

$$r=\begin{cases}g,\text{当 } g\equiv 1(\bmod 2)\\ g+p^l,\text{当 } g\equiv 0(\bmod 2)\end{cases}$$

是模 $2p^l$ 的原根. 这是因为，当 $g\equiv 1(\bmod 2)$ 时，$g^{\varphi(2p^l)}\equiv 1(\bmod 2p^l)$. 设 g 模 $2p^l$ 的次数为 b，则 $b\leqslant\varphi(2p^l)=\varphi(p^l)$. 又由 $g^b\equiv 1(\bmod p^l)$ 及 g 是模 p^l 的原根知 $\varphi(p^l)\leqslant b$. 这就证明了 $b=\varphi(2p^l)$. 同理可证 $g\equiv 0(\bmod 2)$ 的情形.

这样，我们只要证明模 p^l 的原根存在即可.

为此先构造性地证明模 p 的原根存在. 我们先证明论断：对模 p，a 的次数是 a_1，b 的次数是 b_1，而 $(a_1,b_1)=1$，则 ab 模 p 的次数是 a_1b_1. 设 ab 模 p 的次数为 δ，则 $(ab)^\delta\equiv 1(\bmod p)$. 所以

$$((ab)^\delta)^{a_1}=(a^{a_1}b^{a_1})\equiv b^{a_1\delta}\equiv 1(\bmod p)$$

由 b 模 p 的次数是 b_1 知 $b_1\mid a_1\delta$（否则设 $a_1\delta=b_1k+r$，$0<r<b_1$，则 $b^{a_1\delta}=(b^{b_1})^kb^r\equiv b^r\equiv 1(\bmod p)$，与 b 模 p 的次数是 b_1 矛盾），所以由 $(a_1,b_1)=1$ 知 $b_1\mid\delta$.

同理我们有 $((ab)^\delta)^{b_1}=(a^{b_1}b^{b_1})^\delta\equiv a^{b_1\delta}\equiv 1(\bmod p)$，故 $a_1\mid\delta$. 由 $a_1\mid\delta$，$b_1\mid\delta$ 及 $(a_1,b_1)=1$ 知 $a_1b_1\mid\delta$. 但 δ 是 ab 模 p 的次数，故 $\delta=a_1b_1$.

由此论断，设

$$p-1={q_1}^{l_1}\cdots{q_t}^{l_t}$$

为 $p-1$ 的标准分解式，若找到 b_i 使得它对模 p 的次数是 ${q_i}^{l_i}(i=1,\cdots,t)$，则 $b_1\cdots b_t$ 对模 p 的次数是 $p-1$，即 $b_1\cdots b_t$ 是模 p 的原根. 考虑同余式

$$x^{(p-1)/q_i}\equiv 1(\bmod p)$$

由第 3 章 3.1 中 3.1.1 的定理 3.4 知，上式不同解的个数小于等于 $(p-1)/q_i$ 小于 $p-1$，因此在 p 的简化剩

余系中必至少有一个 a_i 存在，使得

$$a_i^{(p-1)/q_i} \not\equiv 1 \pmod{p}$$

令 $b_i = a_i^{(p-1)/q_i^{l_i}}\ (i=1,\cdots,t)$，$\lambda_i$ 为 b_i 模 p 的次数，我们来证明 $\lambda_i = q_i^{l_i}\ (i=1,\cdots,t)$. 因为

$$b_i^{q_i^{l_i}} = (a_i^{(p-1)/q_i^{l_i}})^{q_i^{l_i}} \equiv 1 \pmod{p}$$

所以 $\lambda_i \mid q_i^{l_i}$. 可设 $\lambda_i = q_i^{k_i}$，$k_i \leqslant l_i$. 若 $k_i < l_i$，则由于 $b_i^{\lambda_i} \equiv 1 \pmod{p}$ 知

$$(a_i^{(p-1)/q_i^{l_i}})^{\lambda_i} = a_i^{(p-1)/q_i^{l_i-k_i}} \equiv 1 \pmod{p}$$

由此两边乘方 $q_i^{l_i-k_i-1}$ 次，则得 $a_i^{(p-1)/q_i} \equiv 1 \pmod{p}$. 这与 a_i 的选择矛盾. 所以 $k_i = l_i$，即 b_i 模 p 的次数为 $q_i^{l_i}\ (i=1,\cdots,t)$.

最后证明，设 $l>1$，则模 p^l 的原根存在. 设 g 是模 p 的一个原根，取

$$r = \begin{cases} g, & \text{当 } g^{p-1}-1 \not\equiv 0 \pmod{p^2} \text{ 时} \\ g+p, & \text{当 } g^{p-1}-1 \equiv 0 \pmod{p^2} \text{ 时} \end{cases}$$

我们证明 r 就是模 p^l 的原根. 显然 $r^{p-1}-1 \not\equiv 0 \pmod{p^2}$，设 $r^{p-1}-1 = kp$，$p \nmid k$，则 $r^{p(p-1)}-1 \equiv 0 \pmod{p^2}$，但 $r^{p(p-1)}-1 \not\equiv 0 \pmod{p^3}$. 于是设 r 模 p^l 的次数为 f_l，则

$$f_1 = p-1,\ f_2 = p(p-1),\ f_3 = pf_2$$

$$f_4 = pf_3 = p^2 f_2,\cdots,f_l = p^{l-2} f_2 = p^{l-1}(p-1) = \varphi(p^l)$$

$$(\text{当 } l \geqslant 2)$$

故 r 是模 p^l 的原根. 证毕.

这个证明过程为我们寻找模 p（从而模 p^l，$2p^l$）的一个原根提供了具体算法.

例 1　设 $p=41$，由于 $\varphi(p)=p-1=2^3\times 5$，$q_1=2$，$q_2=5$，故 $(p-1)/q_1=20$，$(p-1)/q_2=8$. 我们寻找

a_1 不满足 $x^{20} \equiv 1 \pmod{41}$ 与 a_2 不满足 $x^8 \equiv 1 \pmod{41}$. 显然 $a_1 = 3, a_2 = 2$ 即适合. 于是 $b_1 = 3^5$, $b_2 = 2^8$, 因此 $b_1 b_2 \equiv 11 \pmod{41}$ 是模 41 的一个原根.

定理 8.2　如果 m 有原根,则共有 $\varphi(\varphi(m))$ 个模 m 不同的原根.

证　设 g 是模 m 的原根,则

$$g^0, g^1, g^2, \cdots, g^{\varphi(m)-1}$$

为模 m 的简化剩余系. 故 m 的所有原根都在 $\{g^j \mid 0 \leqslant i \leqslant \varphi(m) - 1\}$ 中. 假设 g^i 模 m 的次数为 λ_i, 所以 $g^{i\lambda_i} \equiv 1 \pmod{m}$. 由 g 是模 m 的原根知 $\varphi(m) \mid i\lambda_i$. 设 $(i, \varphi(m)) = d_i$, 则 $\frac{\varphi(m)}{d_i} \mid \lambda_i$. 但是

$$(g^i)^{\varphi(m)/d_i} = (g^{\varphi(m)})^{i/d_i} \equiv 1 \pmod{m}$$

故 $\lambda_i = \varphi(m)/d_i (0 \leqslant i \leqslant \varphi(m) - 1)$. 由此可见, 凡 $d_i = 1$ 的 $i (0 \leqslant i \leqslant \varphi(m) - 1)$ 都使 g^j 为模 m 的原根, 故共有 $\varphi(\varphi(m))$ 个模 m 的原根. 证毕.

这个定理指出, 对于素数 p, 共有 $\varphi(p-1)$ 个原根. 设 g 是模 p 的一个原根, 则 $\mathscr{F}_p$ 可表为

$$\mathscr{F}_p = \{0, g^0, g^1, \cdots, g^{p-2}\}$$

所以 g 也称为 $\mathscr{F}_p$ 的本原元或乘法生成元. 对 $\forall a, b \in \mathscr{F}_p^* = \mathscr{F}_p \backslash \{0\}$, 寻找 $s \in \mathscr{Z}_{>0}$ 使 $a \equiv b^s \pmod{p}$ 就等价于给定的 a, g, 求满足 $a \equiv g^t \pmod{p}$ 的正整数 t, 即模 p 的离散对数. 这一问题由 Adleman[44] 得到的目前求解的最快算法需要进行 $O(\exp(c\sqrt{\log p \log(\log p)}))$ 次运算, 这里 c 是一个常数. Hellman 与 Reyneri[45] 将 Adleman 的算法推广到任意的有限域 $\mathscr{F}_{p^n}$ 上. 对 $\mathscr{F}_{2^n}$ 上的离散对数问题, Coppersmith[46] 给出了进一步的求解算法, 这时的算

法复杂性下降为 $O(\exp(cn^{\frac{1}{3}}\log^{\frac{2}{3}}n))$.

8.1.3 $q-1$ 仅含小素数因子的离散对数计算

设 q 是素数幂，当 $q-1$ 仅含小素数因子时，域 $\mathscr{F}_q$ 上的离散对数问题，即求满足

$$a=g^t\,(0\leqslant t\leqslant q-2) \tag{8.2}$$

的 t 有快速算法（见文献[1*]，pp. 69-73），这里 g 是 $\mathscr{F}_q$ 的本原元，$a\in\mathscr{F}_q^*$.

(1) 考虑 $q-1=2^n$. 因为 $0\leqslant t\leqslant q-2$，可设

$$t=t_0+t_1\cdot 2+\cdots+t_{n-1}\cdot 2^{n-1},\ t_i\in\mathscr{F}_2$$
$$(i=0,1,\cdots,n-1)$$

由于 g 是 $\mathscr{F}_q$ 的本原元，故在 $\mathscr{F}_q$ 上 $g^{q-1}=1$，推出 $g^{(q-1)/2}=-1$. 因此

$$a^{(q-1)/2}=(g^t)^{(q-1)/2}=g^{t_0(q-1)/2}=\begin{cases}1, & \text{当 } t_0=0\\ -1, & \text{当 } t_0=1\end{cases}$$

对一般 q，在 $\mathscr{F}_q$ 上计算 $a^{(q-1)/2}$ 可用快速算法（见第 2 章 2.2 中的 2.2.1）获得，其计算复杂性最多为 $O(\log_2 q)$（见文献[6*]，pp. 398-422），由此可求出 t_0. 令 $a\cdot g^{-t_0}=a_1$，由于

$$a_1{}^{(q-1)/4}=g^{t_1(q-1)/2}=\begin{cases}1, & \text{当 } t_1=0\\ -1, & \text{当 } t_1=1\end{cases}$$

故由计算 $a_1{}^{(q-1)/4}$ 可求出 t_1. 继续做下去，求出 t_0，$t_1,\cdots,t_{n-1}$（即 t）的计算复杂性为 $O(n\log_2 q)$.

很显然，如果 $q-1=2^n\cdot s$，$2\nmid s$，则用上述方法可以求出 t 的最末 n 位.

(2) 一般情形，设 $q-1=p_1{}^{n_1}\cdots p_k{}^{n_k}$，$n_i\in\mathscr{Z}_{>0}\,(i=1,\cdots,k)$，$p_i\,(i=1,\cdots,k)$ 是不同的小素数. 这时求解的

思想是：对给定 i，若求出 $t^{(i)}=\langle t\rangle_{p_i^{n_i}}$，则由孙子定理（第3章3.1中3.1.1）可求出模 $q-1$ 的 t，即求出了满足式(8.2)的离散对数 t. 设

$$t^{(1)}=t_0^{(1)}+t_1^{(1)}p_1\cdots t_{n_1-1}^{(1)}p_1^{n_1-1},t_j^{(1)}\in\mathscr{F}_{p_1}$$
$$(j=0,1,\cdots,n_1-1)$$

在 $\mathscr{F}_q$ 中，由 $g^{q-1}=1$ 知 $(g^{(q-1)/p_1})^{p_1}=1$，即 $\beta_1\triangleq g^{(q-1)/p_1}$ 是 p_1 次单位根. 显然，$\mathscr{F}_q$ 上任意一个 p_1 次单位根均是 $1,\beta_1,\cdots,\beta_1{}^{p_1-1}$ 之一. 于是由

$$a^{(q-1)/p_1}=(g^t)^{(q-1)/p_1}=g^{t_0^{(1)}(q-1)/p_1}=\beta_1^{t_0^{(1)}}\quad(8.3)$$

可求出 $t_0^{(1)}$. 设 $a_i=a\cdot g^{-t_0^{(1)}}$，则由计算 $a_1^{(q-1)/p_1^2}$ 求出 $t_1^{(1)},\cdots$，最后求出 $t^{(1)}$ 满足

$$t\equiv t^{(1)}(\bmod p_1^{n_1})(0\leqslant t^{(1)}\leqslant p_1^{n_1}-1)$$

同样的方法求出 $t^{(2)},\cdots,t^{(k)}$. 这个过程除去由 k 个类似从式(8.3)求 $t_0^{(1)}$ 的计算量外，其余的计算复杂性是

$O((\sum_{i=1}^{k}n_i)\log q)=O(\log^2 q)$.

最后，由孙子定理求解同余式组

$$t\equiv t^{(i)}(\bmod p_i^{n_i})(i=1,\cdots,k)$$

在复杂性至多为 $O(k\log q)$ 的前提下获得 t.

显然，在诸 $p_i(i=1,\cdots,k)$ 不大时，这个算法求离散对数十分有效. 当 $q=p$ 时，计算中 g 不必是 $\mathscr{F}_p$ 的生成元.

例2 在 $\mathscr{F}_q(q=8\ 101$ 是素数）中，我们来计算满足

$$7\ 531\equiv 6^t(\bmod 8\ 101)(0\leqslant t<8\ 100)$$

的离散对数 t. 因为 $q-1=2^2\times3^4\times5^2$，计算

$$\beta_1=6^{(8\ 101-1)/2}\equiv 8\ 100(\bmod 8\ 101)$$
$$\beta_2=6^{(8\ 101-1)/3}\equiv 5\ 883(\bmod 8\ 101)$$

$$\beta_2^2 \equiv 2\,217 \pmod{8\,101}$$

$$\beta_3 = 6^{(8\,101-1)/5} \equiv 3\,547 \pmod{8\,101}$$

$$\beta_3^2 \equiv 356 \pmod{8\,101}$$

$$\beta_3^3 \equiv 7\,077 \pmod{8\,101},\ \beta_3^4 \equiv 5\,221 \pmod{8\,101}$$

这里 $1,\beta_1$ 为全体 2 次单位根；$1,\beta_2,\beta_2^2$ 为全体 3 次单位根；$1,\beta_3,\beta_3^2,\beta_3^3,\beta_3^4$ 为全体 5 次单位根.

现在计算 $t^{(i)}(i=1,2,3)$：

$p_1=2,n_1=2,a=7\,531$. 计算 $a^{(8\,101-1)/2} \equiv 8\,100 \pmod{8\,101}$，故 $t_0^{(1)}=1$；再计算 $a_1 \equiv a\cdot 6^{-1} \equiv 8\,006 \pmod{8\,101}$，这里 $6^{-1} \equiv 6\,751 \pmod{8\,101}$，并且计算 $a_1{}^{(8\,101-1)/2^2} \equiv 1 \pmod{8\,101}$，因而 $t_1^{(1)}=0$. 于是求出 $t^{(1)}=1+0.2^1=1$.

$p_2=3,n_2=4,a=7\,531$. 计算 $a^{(8\,101-1)/3} \equiv 2\,217 \pmod{8\,101}$，由于 $\beta_2^2 \equiv 2\,217 \pmod{8\,101}$，故 $t_0^{(2)}=2$；令 $a_1=a\cdot 6^{-2} \equiv 6\,735 \pmod{8\,101}$，计算 $a_1^{(8\,101-1)/3^2} \equiv 1 \pmod{8\,101}$，故 $t_1^{(2)}=0$；令 $a_2=a_1 \equiv 6\,735 \pmod{8\,101}$，计算 $a_2^{(8\,101-1)/3^3} \equiv 2\,217 \pmod{8\,101}$，故 $t_2^{(2)}=2$；令 $a_3=a_2\cdot 6^{-2} \equiv 6\,992 \pmod{8\,101}$，计算 $a_3^{(8\,101-1)/3^4} \equiv 5\,883 \pmod{8\,101}$，故 $t_3^{(2)}=1$. 因此 $t^{(2)}=2+0\cdot 3^1+2\cdot 3^2+1\cdot 3^3=47$.

$p_3=5,n_3=2,a=7\,531$. 计算 $a^{(8\,101-1)/5} \equiv 5\,221 \pmod{8\,101}$，故 $t_0^{(3)}=4$；令 $a_1=a\cdot 6^{-4} \equiv 7\,613 \pmod{8\,101}$，计算 $a_1^{(8\,101-1)/5^2} \equiv 356 \pmod{8\,101}$. 故 $t_1^{(3)}=2$. 因此 $t^{(3)}=4+2\cdot 5^1=14$.

这样就有同余式组

$$\begin{cases} t \equiv 1 \pmod{2^2} \\ t \equiv 47 \pmod{3^4} \\ t \equiv 14 \pmod{5^2} \end{cases}$$

由孙子定理(第 3 章 3.1 中 3.1.1)求出同余式组的解是

$$t \equiv 6\,689 \pmod{8\,100}$$

在 $q-1$ 含有大素数因子时,例如,p_i 是 $q-1$ 的大素数因子,则求全体 p_i 次单位根 $1,\beta_i,\cdots,\beta_i^{p_i-1}$ 的计算复杂性为 $O(p_i\log_2 q)$,这是 p_i 二进制长度的指数量级. 所以计算 $\mathscr{F}_q$ 上离散对数变得困难. 当 $q=2p_1+1$,p_1 是大素数时,上述算法的计算复杂性是 $O(q\log q)$,因此是无效的算法.

8.2 椭圆曲线算术

设 $\mathscr{F}$ 是特征不等于 2 或 3 的域. $\mathscr{F}$ 上的方程

$$y^2 = x^3 + ax + b(a,b \in \mathscr{F}) \tag{8.4}$$

的解 $(x,y) \in \mathscr{F}^2$ 的集合加上一个无穷远点 O 定义为 $\mathscr{F}$ 上的椭圆曲线,记为 $E(\mathscr{F})$,这里 $x^3+ax+b=0$ 在 $\mathscr{F}$ 上没有重根,因而判别式 $-4a^3+27b^2 \neq 0$. 为了便于理解椭圆曲线上的无穷远点 O,我们用齐次坐标的形式给出椭圆曲线的另一种等价定义. 令 $x=X/Z$,$y=Y/Z$ 代入式(8.4)得

$$ZY^2 = X^3 + aZ^2X + bZ^3, a,b \in \mathscr{F} \tag{8.5}$$

这样,每个点 $(x,y) \in \mathscr{F}^2$ 就对应一个新的点 (X,Y,Z). 这在 $Z \neq 0$ 时才有意义,而且任取一非零常数 λ,(X,Y,Z) 与 $(\lambda X,\lambda Y,\lambda Z)$ 表达同一点. 当 $Z=0$ 时式(8.5)上的点 $(0,1,0)$ 便是无穷远点,它可以看成点 $(0,1,\varepsilon)$ 当 $\varepsilon \to 0$ 的极限.

现在定义椭圆曲线 $E(\mathscr{F})$ 上的运算"+". 设 P,

$Q\in E(\mathscr{F})$，所谓 $P+Q$，是指这样一个点 R：设 L 是 P，Q 两点的连线（若 $P=Q$，则 L 退化为点 P 的切线），L 和椭圆曲线 $E(\mathscr{F})$ 相交于点 P'，令 L' 为点 P' 与无穷远点 O 的连线（即 L' 是过点 P' 平行于 y 轴的一条直线），则 L' 与椭圆曲线 $E(\mathscr{F})$ 的交点定义为 R.

实际上 $P+Q$ 是 P' 关于 x 轴的对称点. 若 P 与 Q 关于 x 轴对称或重合于 x 轴，则 L 垂直于 x 轴. 这时 L 与椭圆曲线 $E(\mathscr{F})$ 交于无穷远点 O. 图 8.1 显示了一个实椭圆曲线及其 $P+Q$ 的几何解释.

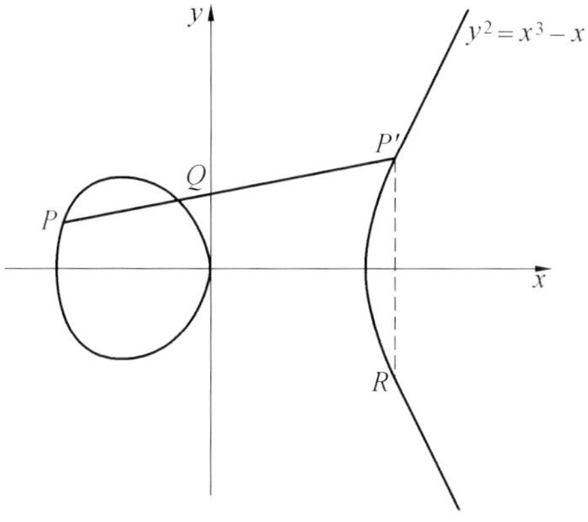

图 8.1　$P+Q$ 的几何解释

设 $P=(x_1,y_1)$，$Q=(x_2,y_2)$，这里假设 $y_1\neq 0$，且 $x_1\neq x_2$. 则[11*] 可以具体地算出 $P+Q=R=(x_3,y_3)$，这里

$$x_3=-x_1-x_2+\alpha^2,\quad y_3=-y_1+\alpha(x_1-x_3)$$

其中

$$\alpha=\begin{cases}\dfrac{y_2-y_1}{x_2-x_1}, \text{当 } P\neq Q\\ \dfrac{3x_1^2+a}{2y_1}, \text{当 } P=Q\end{cases}$$

在 $E(\mathscr{F})$ 中，运算“+”是封闭的，而且满足：

(1) 对 $\forall P,Q,R\in E(\mathscr{F})$ 有 $(P+Q)+R=P+(Q+R)$.

(2) 对 $\forall P\in E(\mathscr{F})$ 成立 $P+O=O+P=P$，这里 O 是 $E(\mathscr{F})$ 的无穷远点.

(3) 对 $\forall P\in E(\mathscr{F})$，$\exists Q\in E(\mathscr{F})$ 使 $P+Q=O$，这里的 Q 记为 $-P$.

(4) $\forall P,Q\in E(\mathscr{F})$ 成立 $P+Q=Q+P$.

这说明 $E(\mathscr{F})$ 上可定义加法构成群，而且是可交换群(阿贝尔群). 在群 $E(\mathscr{F})$ 中，8.1 中相应的离散对数问题是：给定 $P,Q\in E(\mathscr{F})$，求 $s\in\mathscr{Z}_{>0}$ 使得 $Q=sP$. 已知 $s\in\mathscr{Z}_{>0}$ 时，计算 sP 非常容易，例如使用计算 a^s 的相同算法(第 2 章 2.1 中 2.2.1)，将 s 写成二进制数，即设 $s=s_0+s_1\cdot 2+\cdots+s_{k-1}\cdot 2^{k-1}$，$s_i\in\mathscr{F}_2(i=0,1,\cdots,k-1)$，则有

$$sP=((\cdots((s_{k-1}P)\cdot 2+s_{k-2}P)2+\cdots)2+s_1P)2+s_0P$$

这个计算量只有 $O(\log s)$. 但是，已知 $P,Q\in E(\mathscr{F})$，求 $s\in\mathscr{Z}_{>0}$ 却是非常困难的问题.

令 $\mathscr{F}=\mathscr{F}_{p^n}$，这里 p 是素数，$n\in\mathscr{Z}_{>0}$，定义在有限域 $\mathscr{F}_{p^n}$ 上的椭圆曲线记为 $E(\mathscr{F}_{p^n})$. 由于 $\mathscr{F}_{p^n}$ 的特征为 p，故通常设 $p\neq 2,3$. 考察群 $E(\mathscr{F}_{p^n})$：首先，这是一个有限阿贝尔群，因为[9*]

$$|E(\mathscr{F}_{p^n})|=p^n+1-\pi^n-\bar{\pi}^n=$$
$$p^n+1-a_{p^n}(|a_{p^n}|\leqslant 2p^{n/2})$$

这里 $\bar{\pi}$ 为 π 的复共轭，$\pi\bar{\pi}=p$. 其次，设 P 是 $E(\mathscr{F}_{p^n})$ 中任一点，因为下面的点

$$\cdots,-2P,-P,O,P,2P,\cdots$$

均在 $E(\mathscr{F}_{p^n})$ 中，故必有 $s,t\in\mathscr{Z},s>t$ 使得 $sP=tP$，即 $(s-t)P=O$. 定义最小的正整数 m 满足 $mP=O$ 为点 P 的周期. 设 $x^3+ax+b=(x-e_1)(x-e_2)\cdot(x-e_3)$，显然，无限远点 O 和 $(e_i,0)(i=1,2,3)$ 均是周期 2 的点. 若 $\exists P\in E(\mathscr{F}_{p^n})$ 使得 P 的周期为 $|E(\mathscr{F}_{p^n})|$，则 P 称为 $E(\mathscr{F}_{p^n})$ 的本原点或生成点，此时 $E(\mathscr{F}_{p^n})$ 即称为循环群. 一般说，对 $\forall P\in E(\mathscr{F}_{p^n})$，设 P 的周期为 k，则集 $\{O,P,2P,\cdots,(k-1)P\}$ 构成 $E(\mathscr{F}_{p^n})$ 的一个子群，称为由 P 生成的群. 已知，$E(\mathscr{F}_{p^n})$ 或者是循环群，或者是两个循环群的乘积.

由于 $E(\mathscr{F}_{p^n})$ 与 $\mathscr{F}_{p^n}^*$ 的类似性质，所以 $\mathscr{F}_{p^n}^*$ 中讨论的密码体制完全可以搬入 $E(\mathscr{F}_{p^n})$ 中. 在 $\mathscr{F}_{p^n}^*$ 中，若 $|\mathscr{F}_{p^n}^*|=p^n-1$ 仅含小素数因子，则由 8.1.3 知可以有快速算法计算离散对数. 类似地，$E(\mathscr{F}_{p^n})$ 中的离散对数问题，当 $|E(\mathscr{F}_{p^n})|$ 仅含小素数因子时，也有快速算法求解. 所以，在设计 $E(\mathscr{F}_{p^n})$ 上的密码体制时，常常是要求 $|E(\mathscr{F}_{p^n})|$ 含有大素数因子. 这是常用到的：

定理 8.3　设定义在 $\mathscr{F}_{p^n}$ 上的椭圆曲线 $E(\mathscr{F}_{p^n})$ 为：$y^2=x^3-a^2x$，这里 p 是奇素数，$n\in\mathscr{Z}_{>0}$，$p\nmid 2a$. 若 $p^n\equiv 3(\mathrm{mod}\ 4)$，则 $|E(\mathscr{F}_{p^n})|=p^n+1$.

证明参阅文献[11*]，pp. 40-41.

定理 8.4　设素数 $p\neq 2,3$，$p\nmid a$，则 $\mathscr{F}_p$ 上的椭圆曲线 $E(\mathscr{F}_p)$

$$\begin{cases}y^2=x^3+a, & p\equiv 2(\mathrm{mod}\ 3)\\ y^2=x^3-ax, & p\equiv 3(\mathrm{mod}\ 4)\end{cases}$$

满足

$$|E(\mathscr{F}_p)|=p+1$$

这个结果是可以推广到一般的有限域 $\mathscr{F}_{p^n}$ 上的.

8.3 离散对数体制

这里,我们先介绍基于 $\mathscr{F}_{p^n}^*$ 上的离散对数问题构作的密码体制;然后说明这些密码体制均可以改成椭圆曲线 $E(\mathscr{F}_{p^n})$ 上的密码体制. 因此着重介绍明文 $\boldsymbol{m}$ 是如何嵌入椭圆曲线上的.

8.3.1 $\mathscr{F}_{p^n}^*$ 上离散对数体制

设 p^n-1 含有大素数因子. 这时计算 $\mathscr{F}_{p^n}^*$ 上的离散对数十分困难(8.1.3). 1985 年,ElGamal[47] 提出了如下的 PKC①:

$\boldsymbol{p}$:$\mathscr{F}_{p^n}^*$,g,y,这里 $g\in\mathscr{F}_{p^n}^*$ 是乘法生成元,$y\triangleq g^{a_0}$,a_0 是任选的正整数满足 $0<a_0<p^n-1$.

$\boldsymbol{s}$:a_0.

$\boldsymbol{m}$:$\boldsymbol{m}\in\mathscr{F}_p^n$.

$\boldsymbol{c}$:$c=(c_1,c_2)$,这里 c_1,c_2 在 $\mathscr{F}_{p^n}$ 上满足

$$c_1=g^r,c_2=my^r$$

m 是以明文 $\boldsymbol{m}$ 向量构成的 $\mathscr{F}_{p^n}$ 中的元,$r(0<r<p^n-1)$ 是任选的正整数.

$\boldsymbol{D}$:在 $\mathscr{F}_{p^n}$ 上,计算 $c_1^{a_0}=(g^{a_0})^r=y^r$,故

① ElGamal 在文献[47]中仅对素域 $\mathscr{F}_p$ 给出了这一密码体制.

$$m = c_1^{-a_0} \cdot c_2$$

对于$n=1$，ElGamal－PKC在素域$\mathscr{F}_p$中的表达更为简捷.

例 3　有户 A 选素数$p=3\ 881$，模p的最小原根为$g=13$；取$a_0=10$，计算$\langle 13^{10}\rangle_{3\ 881}=545$. 于是 A 的公开钥 $\boldsymbol{p}$ 是$(p,q,y)=(3\ 881,13,545)$，秘密钥 $\boldsymbol{s}$ 是$a_0=10$. 用户 B 欲给 A 发送明文$m=2\ 115$，任选$r=7$，计算密文

$$c_1=\langle 13^7\rangle_{3\ 881}=509$$

$$c_2=\langle 2\ 115\cdot 545^7\rangle_{3\ 881}=2\ 824$$

于是 B 发送$(c_1,c_2)=(509,2\ 824)$给 A. A 收到密文后，用只有他自己知道的$a_0=10$解密，即先计算

$$\langle c_1^{a_0}\rangle_{3\ 881}=\langle 509^{10}\rangle_{3\ 881}=3\ 141$$

再由$3\ 141m\equiv 2\ 824 \pmod{3\ 881}$解出$m=2\ 115$.

由于用户 A 解密的过程实际是计算$\langle c_1^{-a_0}\cdot c_2\rangle_{3\ 881}=m$，故也可以先求$c_1^{-1}$满足$c_1\cdot c_1^{-1}\equiv 1\pmod{3\ 881}$，$0<c_1^{-1}<3\ 881$. 易知$c_1^{-1}=61$. 再计算

$$m=\langle (c_1^{-1})^{a_0}c_2\rangle_{3\ 881}=\langle 61^{10}\cdot 2\ 824\rangle_{3\ 881}=\langle 3\ 152\cdot 2\ 824\rangle_{3\ 881}=2\ 115$$

在 ElGamal－PKC 中，由于在加密时，用户有可以选择随机数$r(0<r<p-1)$，故加密是概率的. 这一体制的安全性是基于$\mathscr{F}_{p^n}^*$上的离散对数的计算.

还有一些基于离散对数的密码体制，例如 Massey 与 Omura 提出了一种互换式公钥体制（参阅文献[48]），体制的设计是别致的. 设$\mathscr{F}_{p^n}$是一公认的有限域，即在通信网中大家共同使用$\mathscr{F}_{p^n}$. 每一用户（例如用户 A）选取一整数e_A，$0<e_A<p^n-1$使得$(e_A,p^n-1)=1$. 由欧几里得算法很容易求出e_A模p^n-1

的逆 d_A，即 d_A 满足 $e_A d_A \equiv 1 (\bmod p^n - 1)$，$0 < d_A < p^n - 1$. 则通信网中用户 A 欲向用户 B 发送明文 m，他们之间进行以下动作：

(1) A 将明文 m 加工成 $\mathscr{F}_{p^n}^*$ 中的元素，不妨仍设为 m；然后在 $\mathscr{F}_{p^n}$ 上计算 $m^{e_A} \triangleq c_1$，并发送 c_1 给 B.

(2) B 收到 c_1 后，在 $\mathscr{F}_{p^n}$ 上计算 $c_1^{e_B} \triangleq c_2$，并将 c_2 返还给 A.

(3) A 收到 c_2 后，在 $\mathscr{F}_{p^n}$ 上计算 $c_2^{d_A} \triangleq c_3$，并将 c_3 再发送给 B.

(4) B 收到 c_3 后，在 $\mathscr{F}_{p^n}$ 上计算 $c_3^{d_B} = m$，即解出了明文 m.

这是因为在 $\mathscr{F}_{p^n}$ 上，$c_3^{d_B} = c_2^{d_A d_B} = c_1^{e_B d_A d_B} = c_1^{d_A} = m^{e_A d_A} = m$. 这个过程中，用到如下的结论：设 $m \in \mathscr{F}_{p^n}^*$ 是任一元，则 $m^{p^n - 1} = 1$. 因为，设 $\mathscr{F}_{p^n}^*$ 的乘法生成元为 α，则 $\exists s \in \mathscr{Z}, 0 \leqslant s \leqslant p^n - 2$ 使得 $m = \alpha^s$，故 $m^{p^n - 1} = (\alpha^{p^n - 1})^s = 1$.

在 Massey-Omura 体制中，当 $n = 1$ 时，由于 $\mathscr{F}_p$ 为素域，所以 $\mathscr{F}_p$ 上的运算均是模 p 运算，明文 $m \in \mathscr{F}_p^*$ 是小于 p 的正整数. 这时的实现非常容易. 如果大素数 p 选为 $p = 2q + 1$，q 也是大素数（此种素数 p 称为安全素数），则 $\mathscr{F}_p^*$ 上的离散对数计算是十分困难的(8.1.3). 因此 Massey-Omura 体制是很安全的.

8.3.2 $E(\mathscr{F}_{p^n})$ 密码体制与明文嵌入方法

在 $E(\mathscr{F}_{p^n})$ 是有限域 $\mathscr{F}_{p^n}$ 上的椭圆曲线，这里 p 是素数，n 是正整数. 已知 $E(\mathscr{F}_{p^n})$ 对运算"+"构成一个有限阿贝尔群(8.2). 并且 $E(\mathscr{F}_{p^n})$ 与 $\mathscr{F}_{p^n}$ 的乘群 $\mathscr{F}_{p^n}^*$ 有相似性质，所以 $\mathscr{F}_{p^n}^*$ 上的密码体制均可移植到 $E(\mathscr{F}_{p^n})$ 中.

例如，ElGamal－PKC 在 $E(\mathscr{F}_{p^n})$ 上的表现形式是：

设 $G\in E(\mathscr{F}_{p^n})$ 是一个固定的点，满足：G 的周期含有足够大的素因子. 并且随机选取数 a_0，计算 $a_0G\triangleq Y$，于是有：

p：$E(\mathscr{F}_{p^n})$，G，Y.

s：a_0.

m：$P_m\in E(\mathscr{F}_{p^n})$，这里 P_m 是由原始明文 m 产生的 $E(\mathscr{F}_{p^n})$ 中的点. 由 $m\to P_m$ 的方法称为明文嵌入方法，即将原始明文嵌入到椭圆曲线 $E(\mathscr{F}_{p^n})$ 上去的方法.

c：$(rG,P_m+rY)\in E^2(\mathscr{F}_{p^n})$，这里 r 是任选的随机数.

D：先计算 $a_0(rG)=r(a_0G)=rY$，再由 P_m+rT 求出 P_m.

当 G 的周期含有足够大的素因子时，计算 $E(\mathscr{F}_{p^n})$ 上满足下式的离散对数 t 是十分困难的

$$P=tG \tag{8.6}$$

当 G 选 $E(\mathscr{F}_{p^n})$ 的本原点时，G 的周期是 $|E(\mathscr{F}_{p^n})|$. 这时要求 $|E(\mathscr{F}_{p^n})|$ 含有大素数因子. 因为不然可由类似 8.1.3 的方法，快速求出满足式(8.6)的离散对数 t.

类似的方法，可以给出椭圆曲线 $E(\mathscr{F}_{p^n})$ 上的 Massey-Omura 体制.

在 $E(\mathscr{F}_{p^n})$ 密码体制中，一个重要的问题是如何将明文 m 嵌入 $E(\mathscr{F}_{p^n})$ 中，而且已知 P_m 还要迅速地求出 m(即译码要迅速).

通常明文 m 嵌入 $E(\mathscr{F}_{p^n})$ 中使用如下的概率算法(这里设 $n=1$)：设明文 m 在 0 与 M 之间，选取固定的 k 使得 $p>Mk$. 令 $x_j=mk+j(j=1,\cdots,k-1)$，代入

$$f(x)=x^3+ax+b(a,b\in\mathscr{F}_p)$$

依次算出 $f(x_j)(j=1,\cdots,k-1)$. 一般取 $k=30$(最坏情况 $k=50$),即可使某个 $f(x_j)(1\leqslant j\leqslant k-1)$ 为 $(\mathscr{F}_p)$ 上的平方 y_j^2. 这是因为 $f(x)$ 为模 p 的平方剩余与非平方剩余各一半(第 3 章 3.2 中 3.2.2,定理 3.9),所以 k 次找到 y_j^2 的概率不小于 $1-(1/2)^k$. 于是明文 m 以极大的概率嵌入椭圆曲线 $E(\mathscr{F}_p)$ 中. 译码时,只需计算 $[x_j/k]$ 即得 m.

但是,无论怎样,使用概率算法总会出现某些明文不能嵌入到椭圆曲线上的情形. 1989 年,孙琦与肖戎[49] 对 $\mathscr{F}_p$ 上由 $y^2=f(x)=x^3-ax$ 定义的椭圆曲线 $E(\mathscr{F}_p)$,给出了一种确定型的明文嵌入方法.

说明文 $m\in\mathscr{F}_p$,定义映射 $\sigma:\mathscr{F}_p\to E(\mathscr{F}_p)$ 为

$$\sigma(m)=\begin{cases}(m,\min\{\langle f(m)^{(p+1)/4}\rangle_p,p-\langle f(m)^{(p+1)/4}\rangle_p\}),\\ \text{当}\left(\dfrac{f(m)}{p}\right)=1\\ (p-m,\max\{\langle f(-m)^{(p+1)/4}\rangle_p,p-\langle f(-m)^{(p+1)/4}\rangle_p\}),\\ \text{当}\left(\dfrac{f(m)}{p}\right)=-1\\ (m,0),\text{当}\ m^2\equiv a(\bmod p)\\ (0,0),\text{当}\ m=0\end{cases}$$

其中 $\left(\dfrac{\cdot}{p}\right)$ 表示勒让德符号. 这样,对 $\forall m\in\mathscr{F}_p$,计算 $\left(\dfrac{f(m)}{p}\right)\triangleq\delta$,依 $\delta=1,-1,0$ 来编码. 在 $\delta=0$ 时,分两种情况:$m=0$,或 $m^2\equiv a(\bmod p)$.

显然,映射 $\sigma(m)$ 将任意的 $\mathscr{F}_p$ 上的明文 m 均嵌入到了由 $y^2=f(x)=x^3-ax$ 定义的椭圆曲线 $E(\mathscr{F}_p)$ 上,并且译码方法也特别简单,例如,设 $P_m=(x,y)\in E(\mathscr{F}_p)$,则

$$m=\begin{cases}x,\text{当 } 0\leqslant y\leqslant \dfrac{p-1}{2}\\ p-x,\text{当}\dfrac{p+1}{2}\leqslant y\leqslant p-1\end{cases}$$

上述映射可以推广到 $\mathscr{F}_{p^n}$ 上由 $y^2=f(x)=x^3-ax$ 定义的椭圆曲线 $E(\mathscr{F}_{p^n})$ 上，这时相应的勒让德符号换成 $\mathscr{F}_{p^n}$ 的二次乘法特征. 但是，对一般的椭圆曲线 $E(\mathscr{F}_{p^n})$ 还没有给出确定型的明文嵌入方法.

8.4　Chor-Rivest 体制

1988 年，Chor 和 Rivest[50] 基于有限域上的算术提出了一个新的背包型的 PKC，称为 Chor-Rivest 体制. Brickell 与 Odlyzko[41] 指出，Chor-Rivest 体制是迄至 1988 年已经发表的背包体制中唯一安全的. 为了介绍 Chor-Rivest 体制，我们需要第 7 章 7.1 与 8.1 中介绍的有限域 $\mathscr{F}_{p^n}$ 的基本结构与 $\mathscr{F}_{p^n}$ 上离散对数的知识. 这里，我们直接给出这一体制的设计.

(1) 选择素数幂 p 与正整数 $n\leqslant p$，使得 $\mathscr{F}_{p^n}$ 中的离散对数可以有效地计算出来. 根据我们在 8.1.3 中给出的算法，当 p^n-1 仅含小素数因子时，这是很容易做到的.

(2) 任取 $x\in\mathscr{F}_{p^n}$ 是 $\mathscr{F}_p$ 上的 n 次代数，即 x 是一个任意 n 次不可约多项式 $g_n(x)\in\mathscr{F}_p[x]$ 的根，且由 $g_n(x)$ 与 p 组成重模运算，可以得到 $\mathscr{F}_{p^n}$ 的元是系数在 $\mathscr{F}_p$ 中的次数小于等于 $n-1$ 的多项式.

(3) 任取 $g\in\mathscr{F}_{p^n}$ 是 $\mathscr{F}_{p^n}$ 的乘法生成元.

(4) 对 $\forall\,\alpha_i\in\mathscr{F}_p$，在 $\mathscr{F}_{p^n}$ 上计算下面的离散对数问

题，即从

$$x+a_i=g^{a_i}(i=0,1,\cdots,p-1)$$

计算正整数 $a_i(i=0,1,\cdots,p-1)$. 可以证明，对任两个不同的非负整数向量 $(x_0,x_1,\cdots,x_{p-1})$ 与 $(y_0,y_1,\cdots,y_{p-1})$，当 $\sum_{i=0}^{p-1}x_i\leqslant n$，$\sum_{i=0}^{p-1}y_i\leqslant n$ 时，$\sum_{i=0}^{p-1}a_ix_i\neq\sum_{i=0}^{p-1}a_iy_i$. 这是 Bose-Chowla 定理的一个特例（关于 Bose-Chowla 定理，参阅文献[12*]，第 2 章）.

(5) 选取 $\pi:\{0,1,\cdots,p-1\}\rightarrow\{0,1,\cdots,p-1\}$ 是一个置换，令 $b_i=a_{\pi(i)}\ (i=0,1,\cdots,p-1)$.

(6) 任取整数 d 满足 $0\leqslant d\leqslant p^n-2$，令 $c_i=b_i+d(i=0,1,\cdots,p-1)$.

这样我们就完成了 Chor-Rivest 体制的设计，其 $\boldsymbol{p},\boldsymbol{s},\boldsymbol{m},\boldsymbol{c},\boldsymbol{D}$ 分别为：

$\boldsymbol{p}$：$c_0,c_1,\cdots,c_{p-1}$；p,n.

$\boldsymbol{s}$：x,g,π^{-1},d.

$\boldsymbol{m}$：$\boldsymbol{m}=(x_0,x_1,\cdots,x_{p-1})\in\{0,1\}^p$，重量 $W_H(\boldsymbol{m})=n$.

$\boldsymbol{c}$：s，这里 $0\leqslant s<p^n-1$，且

$$s\equiv\sum_{i=0}^{p-1}c_ix_i(\mathrm{mod}\ p^n-1)$$

$\boldsymbol{D}$：第一步，计算 $r(x)\equiv x^n(\mathrm{mod}\ g_n(x))$，$r(x)$ 是次数小于等于 $n-1$ 的多项式.

第二步，计算 $s'\equiv s-nd(\mathrm{mod}\ p^n-1)$，且 $0\leqslant s'<p^n-1$.

第三步，计算 $q(x)\equiv g^{s'}(\mathrm{mod}\ g_n(x))$，$q(x)$ 是 $n-1$ 次的多项式.

第四步，计算 $s(x)=x^n+q(x)-r(x)$，显然 $s(x)$

是 $\mathscr{F}_p[x]$ 中的 n 次多项式.

第五步，在 $\mathscr{F}_p$ 上分解 $s(x)=(x+\alpha_{i_1})(x+\alpha_{i_2})\cdots(x+\alpha_{i_n})$. 这时可将 $\mathscr{F}_p$ 中的每个元依次代入 $s(x)$ 中计算，最多需要 p 次计算即可分解 $s(x)$. 每个 $x+\alpha_{i_j}$ 唯一对应一个 b_{i_j}（这由 $a_i(i=0,1,\cdots,p-1)$ 的选取可知），利用 π^{-1} 求出明文中 n 个 1 的位置，因而获得明文.

这个体制的设计是相当奇特的. 一是利用了特殊情况下计算离散对数容易，二是利用有限域 $\mathscr{F}_p$ 上多项式分解当 p 不太大时有有效算法（例如 Chor 与 Rivest 建议他们的体制中可取 $p\approx 200, n\approx 25$），三是利用 Bose-Chowla 定理.

可以看出，Chor-Rivest 体制有力地对抗了对低密度背包体制的破译方法（第 5 章 5.3 中 5.3.2），这时背包向量 $(c_0,c_1,\cdots,c_{p-1})$ 的密度是

$$d((c_0,c_1,\cdots,c_{p-1}))=\frac{p}{\log_2(\max\limits_{0\leqslant i\leqslant p-1} c_i)}$$

因为，加密时使用模 p^n-1 运算，所以 $\max\limits_{0\leqslant i\leqslant p-1} c_i<p^n$，故

$$d((c_0,c_1,\cdots,c_{p-1}))>\frac{p}{n\log_2 p}$$

当 $p\approx 200, n\approx 25$ 时

$$d((c_0,c_1,\cdots,c_{p-1}))>\frac{p}{n\log_2 p}\approx\frac{200}{25\log_2 200}>1$$

在文献[50]中，Chor 与 Rivest 列出三组可供使用的 p,n 值：

(1) $p=211, n=24$，这时 $211^{24}-1$ 的最大素因子是 $216\ 330\ 241\approx 2\times 10^8$.

(2) $p=243=3^5, n=24$，这时 $3^{120}-1$ 的最大素因

子是 47 763 361 $\approx 5\times 10^7$.

(3) $p=256=2^8$, $n=25$,这时 $2^{200}-1$ 的最大素因子是 3 173 389 601 $\approx 3\times 10^9$.

但是,这个体制与所有 PKC 一样,安全性也不能用严格的数学方法给出证明,而且这种体制似乎也不能对抗用等价密钥方法进行的破译.

第9章 其他形式的 PKC

利用计算上困难的问题构作 PKC 还有很多的研究. 在这一章中,我们将介绍有别于大整数分解、背包与离散对数等密码体制的新探讨,它们分别是:有限状态机 PKC,丢番图 PKC 与公钥分配密码体制等.

9.1 有限状态机 PKC

1985 年,陶仁骥与陈世华[51] 提出了第一个时序的 PKC,它是基于有限状态机(有限自动机)的. 这种体制具有实现容易、加解密速度快、公开钥规模小以及可用于数字签名等优点,其安全性是基于有限域上矩阵多项式分解和非线性有限自动机求逆的困难性之上.下面,我们首先介绍有限状态机的基本概念.

9.1.1 有限状态机

一个有限状态机 M 有五个部分构成:

(1) 输入符号的有限集合 U.

(2) 输出符号的有限集合 G.

(3) 内部状态的有限集合 S.

(4) 一个 $S\times U$ 到 S 的后继状态映射 f.

(5) 一个 $S\times U$ 到 G 的输出映射 g.

通常记为 $M=\langle U,G,S,f,g\rangle$,而 f,g 可表示为

$$s(i+1)=f(s(i),u(i))$$

$$g(i)=g(s(i),u(i))(i=0,1,2,\cdots)$$

这里 $u(i)\in U$,$g(i)\in G$,和 $s(i)\in S$ 分别为第 i 时刻 M 的输入、输出及状态;$s(i+1)\in S$ 表示 $i+1$ 时刻的状态,即后继状态. $s(0)$ 称为初始状态.这种有限状态机称为 Mealy 模型机[52].如果有限状态机的后续状态映射 $s(i+1)$ 及输出映射 $g(i)$ 是状态 $s(i)$ 及输入 $u(i)$ 的线性函数,则 M 称为线性有限状态机(简称线性机),它可表示为

$$s(i+1)=\boldsymbol{A}\cdot s(i)+\boldsymbol{B}\cdot u(i)$$

$$g(i)=\boldsymbol{C}\cdot s(i)+\boldsymbol{D}\cdot u(i)(i=0,1,2,\cdots)$$

这里,$s(i)$ 与 $s(i+1)$ 是 m 维状态列向量,$u(i)$ 是 n 维输入列向量,$g(i)$ 是 k 维输出列向量,因而 $\boldsymbol{A}$,$\boldsymbol{B}$,$\boldsymbol{C}$ 及 $\boldsymbol{D}$ 分别是 $m\times m$,$m\times n$,$k\times m$ 及 $k\times n$ 阶系数矩阵.线性机是有限状态机中最简单的一种,已经被研究得相当充分.设 $u(i)(i=0,1,2,\cdots)$ 是输入序列,则线性机的

后续状态与输出可由初始状态表出

$$s(i+1)=\boldsymbol{A}^{i+1}\cdot s(0)+\sum_{j=0}^{i}\boldsymbol{A}^{j}\cdot\boldsymbol{B}\cdot u(i-j)$$

$$g(i)=\boldsymbol{C}\cdot\boldsymbol{A}^{i}\cdot s(0)+\sum_{j=0}^{i-1}\boldsymbol{C}\cdot\boldsymbol{A}^{j-1}\cdot\boldsymbol{B}\cdot u(i-j-1)+\boldsymbol{D}\cdot u(i)$$

通常所说的反馈移位寄存器(FSR),可以看成一类特殊的有限状态机.例如,FSR 的一般形式如图 9.1 所示,其中每个方块表示二进制存贮单元,$\lambda(x_0(i),x_1(i),\cdots,x_{m-1}(i))$ 称为反馈逻辑函数,它决定了 FSR 的性质.令

$$s(i)=\begin{bmatrix}x_0(i)\\x_1(i)\\\vdots\\x_{m-1}(i)\end{bmatrix}\quad(i=0,1,2,\cdots)$$

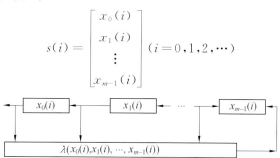

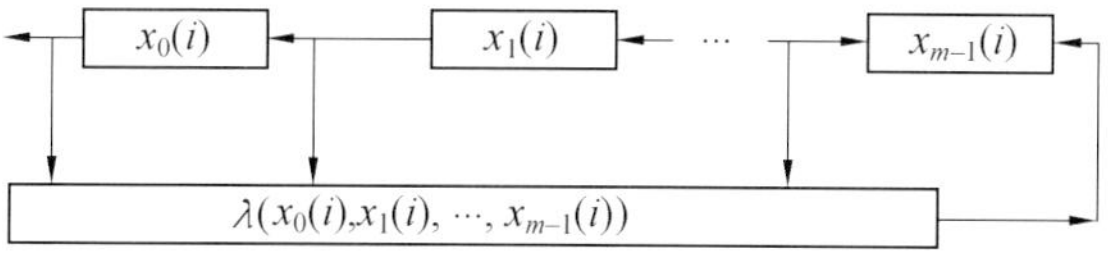

图 9.1　FSR 的一般形式

则 $s(i)$ 的后续状态为

$$s(i+1)=\begin{bmatrix}x_0(i+1)\\x_1(i+1)\\\vdots\\x_{m-1}(i+1)\end{bmatrix}=\begin{bmatrix}x_1(i)\\x_2(i)\\\vdots\\\lambda(x_0(i),x_1(i),\cdots,x_{m-1}(i))\end{bmatrix}$$

由此可以看出,后续状态 $s(i+1)$ 仅仅是状态 $s(i)$ 的移位.因此 FSR 是一种最简单的有限状态机.如果 λ 是变量 $x_0(i),x_1(i),\cdots,x_{m-1}(i)$ 的线性函数,则相应的

FSR 叫作线性反馈移位寄存器. 显然,线性反馈移位寄存器是线性有限状态机的一类特殊情形.

现在给出时序有限状态机的一些概念[51]. 设 $M=\langle U,G,S,f,g\rangle$ 是一有限状态机,如果 φ 是 $G^k\times U^{h+1}$ 到 G 的映射,且 M 的输出由

$$g(i)=\varphi(g(i-1),\cdots,g(i-k),u(i),\cdots,u(i-h))$$
$$(i=0,1,2,\cdots)$$

定义,则 M 称为一个 (h,k) 阶存贮有限状态机,并记作 M_φ. 若 $k=0$,则 M_φ 称为一个 h 阶输入存贮有限状态机. 若对 $\forall s\in S$ 和 $u_i\in U(i=0,1,\cdots,\tau)$, u_0 可由 $g(s,u_0\cdots u_\tau)$ 唯一决定,则称 M 为延迟 τ 步可逆.

设 $M'=\langle G,U,S',f',g'\rangle$ 是一个有限状态机. $\forall s\in S$ 和 $\forall s'\in S'$,如果对 $\forall u_i\in U(i=0,1,2,\cdots)$ 都 $\exists u'_j\in U(i=0,1,\cdots,\tau-1)$ 使得

$$g'(s',g(s,u_0u_1\cdots))=u'_0\cdots u'_{\tau-1}u_0u_1\cdots$$

则称 (s',s) 是延迟 τ 步匹配对,或说 s' 是 τ 匹配 s,也说 s' 与 s 是 τ 匹配的. 如果对 $\forall s\in S$ 和 $\forall s'\in S'$,都有 s' 与 s 是 τ 匹配,则称 M' 是 M 的延迟 τ 步逆.

关于有限状态机(自动机)的可逆性理论,已有专著[13*] 加以系统论述,这里就不介绍了.

9.1.2 有限状态机 PKC

现在介绍陶仁骥与陈世华[51] 构作的有限状态机 PKC. 首先约定共同的素数幂 q(通常取 $q=2$),得到一个有限域 $\mathscr{F}_q$,并以 U 与 G 分别表示 $\mathscr{F}_q$ 上的 k 维与 m 维列向量空间,以 U 与 G 分别表示明、密文空间. 在 $\mathscr{F}_q$ 上作如下设计:

(1) 选取一个 $\mathscr{F}_q$ 上延迟 τ 步逆 τ 阶输入存贮线性

有限状态机 $M'_1=\langle G,U,S'_1,f',g'_1\rangle$

$$u''(i)=\sum_{j=0}^{\tau}\boldsymbol{A}'_j g(i-j)\ (i=0,1,2,\cdots) \quad (9.1)$$

其中 $\boldsymbol{A}'_j$ 为 $\mathscr{F}_q$ 上的 $k\times k$ 阶矩阵;

(2) 再由 M'_1 求出一个 $\mathscr{F}_q$ 上(τ,τ)阶存贮线性有限状态机 $M_1=\langle U,G,S,f_1,g_1\rangle$

$$g_1(i)=\sum_{j=1}^{\tau}\boldsymbol{A}_j g(i-j)+\sum_{j=0}^{\tau}\boldsymbol{B}_j u'(i-j)(i=0,1,2,\cdots)$$

使 M'_1 是 M_1 的延迟 τ 步逆,其中 $\boldsymbol{A}_j,\boldsymbol{B}_j$ 为 $\mathscr{F}_q$ 上的 $k\times k$ 阶矩阵.

(3) 选择 U 上的 $r+1$ 元非线性函数 ψ,使其对任何 $u_1,\cdots,u_r\in U$,$\psi(u_0,u_1,\cdots,u_r)$ 是 u_0 的可逆函数.

(4) 由 M_1 和 ψ 构造一个$(\tau+r,\tau)$阶存贮有限状态机 M

$$g(i)=\sum_{j=1}^{\tau}\boldsymbol{A}_j g(i-j)+\sum_{j=0}^{\tau}\boldsymbol{B}_j\psi(u(i-j),\cdots,u(i-j-r))$$
$$(i=0,1,2,\cdots) \quad (9.2)$$

于是,有限状态机 PKC 由如下五部分构成:

$\boldsymbol{p}$:$M,\boldsymbol{S}_u=(u(-1),\cdots,u(-r))$,这里 $\boldsymbol{S}_u$ 是任意选择的.

$\boldsymbol{s}$:M'_1,ψ',这里 ψ' 满足 $\psi'(\psi(u_0,\cdots,u_r),u_1,\cdots,u_r)=u_0$ 对任何 $u_0,u_1,\cdots,u_r\in U$ 都成立.

$\boldsymbol{m}$:$u(0),u(1),\cdots,u(n)\in U$,即 $u(i)(i=0,1,\cdots,n)$ 均为 U 中的 k 维列向量.

$\boldsymbol{c}$:$g(0),g(1),\cdots,g(n+\tau)$,这里 $g(i)(i=0,1,\cdots,n+\tau)$ 由式(9.2)求出,式(9.2)中$(u(n+1),\cdots,u(n+\tau))\in U^{\tau}$,$(g(-1),\cdots,g(-\tau))\in G^{\tau}$ 与 $(u(-r-1),\cdots,u(-r-\tau))\in U^{\tau}$ 均为任意选取的 τ 维向量.

D:第一步,由式(9.1)计算出

$$u''(\tau),\cdots,u''(n+\tau)$$

第二步,用秘密钥和 $\boldsymbol{S}_u$ 计算明文 $u(0),u(1),\cdots,u(n)$,即计算

$$u(i)=\psi'(u''(i+\tau),u(i-1),\cdots,u(i-r))(i=0,1,\cdots,n)$$

显然,这种 PKC 的安全性是建立在非线性有限状态机求逆和有限域上矩阵多项式分解的困难性上.目前尚未见到任何攻击该体制的论述,因此是比较安全的一种 PKC.

9.2　丢番图 PKC

1900 年,希尔伯特提出了 23 个著名的数学问题,其中第 10 个是:设 $f(x_1,\cdots,x_n)$ 是任给的具有整系数的多项式,那么是否存在一个只有有限步运算的方法来判定丢番图方程 $f(x_1,\cdots,x_n)=0$ 是否有解? 这个问题在 1970 年得到了否定的回答(见文献[4*]).因此用丢番图函数 $f(x_1,\cdots,x_n)$ 作加密函数,通常是很难破译的,这个难度远大于用 *NPC* 问题构作的密码体制.另一方面,在 $n=2$ 时,希尔伯特第 10 个问题的回答又是肯定的,这就是贝克的工作(见文献[4*]),他定出了方程 $f(x_1,x_2)=0$ 的解的上界(这个上界仅与 f 的次数及系数有关).但对于具体的丢番图方程,这个上界往往大得惊人.事实上,即使是一些最简单的二元二次丢番图方程,从计算复杂性角度看,求解也是极为困难的.例如,我们在第 1 章 1.2 中的 1.2.3 中介绍的二元二次丢番图方程问题就是 *NPC* 问题.

这里,我们介绍用丢番图方程与等价于丢图方程的非线性方程组构作PKC的方法.

9.2.1　丢番图PKC与分析

1988年,马尽文与孟庆生[53]利用求解丢番图方程的困难性构作了一个新的PKC.体制设计如下:

首先选取两个大素数 p,q,这里取 $p\equiv 3(\mathrm{mod}\ 4)$ 且为102位素数,q 为101位素数,并计算 $p\cdot q\triangleq m$,$q\cdot s_1\triangleq m_1$,$p\cdot s_2\triangleq m_2$.这里 s_1,s_2 分别为 q 模 p 的逆与 p 模 q 的逆.其次选择正整数 $e<m$,$(e,m)=1$ 满足 $\langle em_i\rangle_m\triangleq M_i(i=1,2)$ 为200位以上的正整数且当 $e>1$ 时 $e\nmid(M_1,M_2)$.这是容易做到的[53],而且马尽文与孟庆生指出,实际中还可要求 e 使得 $(M_1,M_2)=1$ 或取较小值.这样,第一类丢番PKC的 $\boldsymbol{p},\boldsymbol{s},\boldsymbol{m},\boldsymbol{c}$ 与 $\boldsymbol{D}$ 分别为:

$\boldsymbol{p}$:M_1,M_2.

$\boldsymbol{s}$:p,q,d,这里 d 为 e 模 m 的逆且 $0<d<m$.

$\boldsymbol{m}$:(x_1,x_2),这里 $x_1=x'_1\cdot 10$,x'_1 与 x_2 均为100位的正整数.在使用本体制时,对任一个十进制数字符号串均可以提供加密.例如,可将该符号串以200位分组,每组分成100位的两段 x'_1,x_2,从而得到 (x_1,x_2).

$\boldsymbol{c}$:$c=M_1x_1^2+M_2x_2$.

$\boldsymbol{D}$:计算 $\langle cd\rangle_q=x_2$;计算 $\langle(cd)^{\frac{p+1}{4}}\rangle_p\triangleq r$,则 r 与 $p-r$ 中为偶数的一个即为 x_1.

解密算法的正确性是容易证明的.因为

$$c\equiv M_1x_1^2+M_2x_2\equiv em_1x_1^2+em_2x_2(\mathrm{mod}\ m)$$

故
$$cd\equiv m_1x_1^2+m_2x_2(\mathrm{mod}\ m)$$

由此推出

$$cd \equiv x_2 (\bmod q), cd \equiv x_1^2 (\bmod p)$$

因为 $0 < x_2 < q$,前一式给出 $x_2 = \langle cd \rangle_q$;后一式中由 $0 < x_1 < p$ 知(参阅第 3 章 3.2 中 3.2.1)

$$x_1 = r \text{ 或 } p - r, r = \langle (cd)^{\frac{p+1}{4}} \rangle_p$$

由于 $x_1 = x'_1 \cdot 10$ 为偶数,而 r 与 $p-r$ 一奇一偶,故 r 与 $p-r$ 中为偶数的一个即为 x_1.

体制的安全性是基于二元二次丢番图方程求解的困难性(第 1 章 1.2 中1.2.3).但是事实上,这个体制对方程的解进行了限制,所以求解二次方程 $c = M_1 x_1^2 + M_2 x_2$ 就变得容易,例如只要使用欧几里得算法就可以从 $c \equiv M_2 x_2 (\bmod M_1)$ 解出 x_2,因而解出 x_1. 1991 年,孙琦[54] 提出了推广的丢番图 PKC,即将加密函数 $f(x_1, x_2)$ 进行推广(相应地对 p,q 需限制一些条件),即令 $f(x_1, x_2) = M_1 x_1^{k_1} + M_2 x_2^{k_2}, k_1 > 1, k_2 > 1, 2 \nmid k_1 k_2$. 但是,文献[54] 中重新构作的公开钥 M_1, M_2 含有秘密钥的公因子,因而可以直接攻破[55]. 事实上,即使不是如此,这类体制也都有上述类似的隐患. 1991 年,我们[55] 给出了这类丢番图 PKC 的破译方法如下:

第一步,计算 $M'_1 = \dfrac{M_2}{(M_1, M_2)}, M'_2 = \dfrac{M_1}{(M_1, M_2)}$,记 $M' = M'_1 M'_2$.

第二步,用孙子定理(第 3 章 3.1 中 3.1.1)解同余式组

$$\begin{cases} y \equiv M_1 (\bmod M'_1) \\ y \equiv M_2 (\bmod M'_2) \end{cases}$$

得唯一解 $y \triangleq s, 0 < s < M'$.

第三步,计算 M'^{-1}_1, M'^{-1}_2,这里 M'^{-1}_1 为 M'_1 模 M'_2

的逆，M'^{-1}_2 为 M'_2 模 M'_1 的逆，即它们满足 $M'_1 M'^{-1}_1 \equiv 1 \pmod{M'_2}$，$M'_2 M'^{-1}_2 \equiv 1 \pmod{M'_1}$.

第四步，因为

$$M_1 \equiv sM'_2 M'^{-1}_2 \pmod{M'}, M_2 \equiv sM'_1 M'^{-1}_1 \pmod{M'}$$

故在 $c = M_1 x_1^{k_1} + M_2 x_2^{k_2}$ 两端乘以 $s^{-1} \pmod{M'}$ 得

$$s^{-1}c \equiv M'_2 M'^{-1}_2 x_1^{k_1} + M'_1 M'^{-1}_1 x_2^{k_2} \pmod{M'}$$

由此即得

$$x_1^{k_1} \equiv s^{-1}c \pmod{M'_1}, x_2^{k_2} \equiv s^{-1}c \pmod{M'_2}$$

显然，如果 M'_1（或 M'_2）可以分解出小素数因子（尽管 $p \mid M'_1, q \mid M'_2$），则从上式可以解出 x_1（或 x_2），从而由 $c = M_1 x_1^{k_1} + M_2 x_2^{k_2}$ 可以解出 x_2（或 x_1）.

1989 年，杨义先、李世群与罗群[56] 构作了两类另外的丢番图 PKC.

第一类：选取大素数 p, q 及大正整数 u, v 使得

$$p > \frac{1}{4} q^{\frac{3}{2}}, (q, up^2 + v) = 1 \left(v < \frac{1}{2} p^{\frac{1}{2}} q^{\frac{1}{4}}\right)$$

然后算出 $m = p^2 q, n = up^2 + v$.

p：m, n.

s：p, q, u, v.

m：(x, y)，x, y 均为整数，且 $n < x < \frac{1}{2} m^{\frac{1}{4}} + n$.

c：$c = nx^2 + my$.

D：$x = n + \left(\frac{\langle c \rangle_{p^2}}{v}\right)^{\frac{1}{2}} - v, y = \frac{c - nx^2}{m}$.

可以证明，明、密文是一对一的，并且解密算法是正确的. 例如，对 $c = nx^2 + my$ 模 p^2 得 $\langle c \rangle_{p^2} \equiv vx^2 \pmod{p^2}$，由 $n < x < \frac{1}{2} m^{\frac{1}{4}} + n$ 可设 $x = n + x_1$，

$0 < x_1 < \frac{1}{2}m^{\frac{1}{4}}$. 于是

$$\langle c\rangle_{p^2} \equiv v(n+x_1)^2 \equiv v(v+x_1)^2 \pmod{p^2}$$

由于 $v(v+x_1)^2 < \frac{1}{2}m^{\frac{1}{4}}(\frac{1}{2}m^{\frac{1}{4}}+\frac{1}{2}m^{\frac{1}{4}})^2 = \frac{1}{2}m^{\frac{3}{4}} < p^2$，故 $\langle c\rangle_{p^2} = v(v+x_1)^2$，由此解出 $x_1 = \left(\frac{\langle c\rangle_{p^2}}{v}\right)^{\frac{1}{2}} - v$，即 $x = n + \left(\frac{\langle c\rangle_{p^2}}{v}\right)^{\frac{1}{2}} - v$，因此 $y = \frac{c - nx^2}{m}$.

第二类：选取大素数 p,q 以及正整数 r,s 满足

$$p < q, 0 < r < \frac{1}{2}(pq)^{\frac{1}{4}}$$

然后计算 $m = pq, n = sq + r$.

p：m,n.

s：p,q,r,s.

m：(x,y)，这里 x,y 均为整数，且 $0 < x < \frac{1}{2}m^{\frac{1}{4}}$.

c：$c = (x+n)^2 - my$.

D：$x = (\langle c\rangle_q)^{\frac{1}{2}} - r, y = ((x+n)^2 - c)/m$.

解密算法正确性证明：对 $c = (x+n)^2 - my$ 模 q 得

$$c \equiv (x+n)^2 \equiv (x+r)^2 \pmod{q}$$

由于

$$(x+r)^2 < \left(\frac{1}{2}m^{\frac{1}{4}} + \frac{1}{2}m^{\frac{1}{4}}\right)^2 = m^{\frac{1}{2}} < q$$

故

$$\langle c\rangle_q = (x+r)^2$$

由此即得 $x = (\langle c\rangle_q)^{\frac{1}{2}} - r, y = ((x+n)^2 - c)/m$.

这两类体制也是不安全的. 1990 年，李大兴与张泽增[57] 利用欧几里得算法（第 2 章 2.1 中 2.1.1）攻破了这类型的 PKC. 例如，对第一类体制，对 m,n 用欧几

里得算法有

$$\begin{cases} r_0 = m, r_1 = n \\ r_{i-2} = q_{i-2} r_{i-1} + r_i, 0 < r_i < r_{i-1} (2 \leqslant i \leqslant l) \\ r_{l-1} = q_{l-1} r_l + r_{l+1}, r_{l+1} = 0, r_l = (m, n) \end{cases} \tag{9.3}$$

这里不妨设$(m,n)=1$(不然将直接求出秘密钥);对 q,u 再用欧几里得算法有

$$\begin{cases} r'_0 = q, r'_1 = u \\ r'_{i-2} = q'_{i-2} r'_{i-1} + r'_i, 0 < r'_i < r'_{i-1} (2 \leqslant i \leqslant t) \\ r'_{t-1} = q'_{t-1} r'_t + r'_{t+1}, r'_{t+1} = 0, r'_t = (q, u) \end{cases} \tag{9.4}$$

此处仍有$(q,u)=1$(否则也将直接求出秘密钥). 引进 Q－多项式[6*]

$$Q_n(x_1, \cdots, x_n) = \begin{cases} 1, n = 0 \\ x_1, n = 1 \\ x_1 Q_{n-1}(x_2, \cdots, x_n) + \\ Q_{n-2}(x_3, \cdots, x_n), n > 1 \end{cases}$$

显然 Q－多项式是对称多项式,即 $Q_n(x_1,\cdots,x_n) = Q_n(x_n,\cdots,x_1)$. 由式(9.4)可得

$$q = Q_t(q'_0, q'_1, \cdots, q'_{t-1})$$

这说明,虽然我们不知道 q,u 为何,但只要由 m,n 求出 $q'_0, q'_1, \cdots, q'_{t-1}$,即已求出 q. 用归纳法不难证明[57],当 $qv < \frac{1}{2}p^2$(第一类体制中这个条件显然满足)时,$2 \leqslant t < l$ 且

$$q'_i = q_i (i = 0, 1, \cdots, t-2)$$

$$q'_{t-1} = \begin{cases} q_{t-1}, \text{当 } t \text{ 为偶数} \\ q_{t-1} + 1, \text{当 } t \text{ 为奇数} \end{cases}$$

这里 $q_0, q_1, \cdots, q_{t-1}$ 由式(9.3)定义. 于是求出了 q,从而可求出第一类丢番图 PKC 的全部秘密钥.

这个破译方法对第二类丢番图 PKC 在绝大多数情况下仍是适用的,例如,式(9.4)中(q,u)用(p,s)换,则在 $rp < \frac{1}{2}q$ 时,用上述方法可求出 p.

9.2.2 非线性方程组 PKC

非线性方程组的求解是一个丢番图问题. 所以很自然地会被用来构作 PKC. 1988 年,Tsujii, Itoh, Fujioka, Kurosawa 与 Matsumoto[58] 提出了一个非线性方程组 PKC,简称 NL－PKC. 其具体设计如下:设 $\boldsymbol{x}, \boldsymbol{y}$ 均为 k 维列向量

$$\boldsymbol{x} = (x_1, x_2, \cdots, x_k)^{\mathrm{T}}$$

$$\boldsymbol{y} = (y_1, y_2, \cdots, y_k)^{\mathrm{T}}$$

选 $\boldsymbol{A}_1, \boldsymbol{A}_2, \cdots, \boldsymbol{A}_L$ 和 $\boldsymbol{B}$ 是 $k \times k$ 阶矩阵,$F_1(\boldsymbol{v}_1), F_2(\boldsymbol{v}_3), \cdots, F_L(\boldsymbol{v}_{2L-1})$ 为 $k \times k$ 阶上三角矩阵,这里每个 $F_i(\boldsymbol{v}_{2i-1})$ $(i=1,\cdots,L)$ 的第 m 行 n 列元素为

$$f_{mn}^{(i)}(\boldsymbol{v}_{2i-1}) = \begin{cases} f_{mn}^{(i)}(x_{m+1}^{(i)}, x_{m+2}^{(i)}, \cdots, x_k^{(i)}), \text{当 } m \leqslant n \\ 0, \text{当 } m > n \end{cases}$$

其中假定 $\boldsymbol{v}_{2i-1} = (x_1^{(i)}, x_2^{(i)}, \cdots, x_k^{(i)})^{\mathrm{T}}$. 由

$$\boldsymbol{v}_1 = \boldsymbol{A}_1 \boldsymbol{x}, \boldsymbol{v}_2 = F_1(\boldsymbol{v}_1) \cdot \boldsymbol{v}_1$$

$$\boldsymbol{v}_3 = \boldsymbol{A}_2 \boldsymbol{v}_2, \boldsymbol{v}_4 = F_2(\boldsymbol{v}_3) \cdot \boldsymbol{v}_3$$

$$\vdots$$

$$\boldsymbol{v}_{2L-1} = \boldsymbol{A}_L \cdot \boldsymbol{v}_{2L-2}, \boldsymbol{v}_{2L} = F_L(\boldsymbol{v}_{2L-1}) \cdot \boldsymbol{v}_{2L-1}$$

$$\boldsymbol{y} = \boldsymbol{B} \cdot \boldsymbol{v}_{2L}$$

可解出

$$\boldsymbol{y} = \boldsymbol{B} \cdot \boldsymbol{v}_{2L} = \boldsymbol{B} \cdot F_L(\boldsymbol{v}_{2L-1}) \cdot \boldsymbol{v}_{2L-1} =$$

$$\boldsymbol{B}\cdot F_L(\boldsymbol{A}_L\cdot \boldsymbol{v}_{2L-2})\cdot \boldsymbol{A}_L\cdot \boldsymbol{v}_{2L-2}=\cdots=H_L(\boldsymbol{x})$$

于是：

$\boldsymbol{p}$：$H_L(\boldsymbol{x})$.

$\boldsymbol{s}$：$\boldsymbol{A}_i(i=1,\cdots,L)$，$\boldsymbol{B}$，$F_i(\boldsymbol{v}_{2i-1})(i=1,\cdots,L)$.

$\boldsymbol{m}$：$\boldsymbol{x}=(x_1,x_2,\cdots,x_k)^{\mathrm{T}}$.

$\boldsymbol{c}$：$\boldsymbol{y}=(y_1,y_2,\cdots,y_k)^{\mathrm{T}}=H_L(\boldsymbol{x})$.

$\boldsymbol{D}$：首先，计算 $\boldsymbol{B}^{-1}\cdot \boldsymbol{y}=\boldsymbol{v}_{2L}$；其次，由 $\boldsymbol{v}_{2L}=F_L(\boldsymbol{v}_{2L-1})\cdot \boldsymbol{v}_{2L-1}$ 解出 $\boldsymbol{v}_{2L-1}$，求解方法如下：

设 $\boldsymbol{v}_{2L-1}=(x_1^{(L)},x_2^{(L)},\cdots,x_k^{(L)})^{\mathrm{T}}$，则已知

$$F_L(\boldsymbol{v}_{2L-1})=\begin{bmatrix} f_{11}^{(L)}(x_2^{(L)},\cdots,x_k^{(L)}) & f_{12}^{(L)}(x_2^{(L)},\cdots,x_k^{(L)}) & \cdots & f_{1k}^{(L)}(x_2^{(L)},\cdots,x_k^{(L)}) \\ 0 & f_{22}^{(L)}(x_3^{(L)},\cdots,x_k^{(L)}) & \cdots & f_{2k}^{(L)}(x_3^{(L)},\cdots,x_k^{(L)}) \\ \vdots & \vdots & \ddots & \vdots \\ 0 & 0 & \cdots & f_{kk}^{(L)} \end{bmatrix}$$

已知 $\boldsymbol{v}_{2L}$，解方程组 $F_L(\boldsymbol{v}_{2L-1})\cdot \boldsymbol{v}_{2L-1}=\boldsymbol{v}_{2L}$ 采用顺序逼近法，即由最后一式解出 $x_k^{(L)}$，由 $x_k^{(L)}$ 代入倒数第二式解出 $x_{k-1}^{(L)}$，依次解出 $x_{k-2}^{(L)},\cdots,x_2^{(L)},x_1^{(L)}$，因而求得 $\boldsymbol{v}_{2L-1}$.

据此，再从 $\boldsymbol{v}_{2L-1}=\boldsymbol{A}_L\cdot \boldsymbol{v}_{2L-2}$ 解出 $\boldsymbol{v}_{2L-2}$. 不断重复这个过程，将依次解出 $\boldsymbol{v}_{2L-3},\cdots,\boldsymbol{v}_2,\boldsymbol{v}_1$. 由 $\boldsymbol{v}_1=\boldsymbol{A}_1\boldsymbol{x}$ 解出 $\boldsymbol{x}$.

显然，NL－PKC 的加解密速度是很快的，而且具有较好的安全性. 可以验证，以往一些用非线性方程组构作的 PKC 均是这一体制的特例. 例如[59-60]：

第一类（矩阵分解体制）：在特征 2 的有限域上，$\boldsymbol{A}$，$\boldsymbol{B}$ 是 4×4 阶满秩矩阵，并且定义如下的关系

$$\boldsymbol{m}=\boldsymbol{A}\cdot\boldsymbol{x}$$

$$\begin{bmatrix} t_1 & t_2 \\ t_3 & t_4 \end{bmatrix}=\begin{bmatrix} m_4 & m_4+1 \\ m_4+1 & m_4 \end{bmatrix}\begin{bmatrix} m_1 & m_3 \\ 0 & m_2 \end{bmatrix} \quad (9.5)$$

$$\boldsymbol{y}=\boldsymbol{B}\cdot\boldsymbol{t}$$

$$\boldsymbol{x}=(x_1,x_2,x_3,x_4)^{\mathrm{T}}$$

$$\boldsymbol{m}=(m_1,m_2,m_3,m_4)^{\mathrm{T}}$$

$$\boldsymbol{t}=(t_1,t_2,t_3,t_4)^{\mathrm{T}}$$

$$\boldsymbol{y}=(y_1,y_2,y_3,y_4)^{\mathrm{T}}$$

这样,矩阵分解体制由如下五个部分构成:

$\boldsymbol{p}$:$H(\boldsymbol{x})$,这里 $H(\boldsymbol{x})$ 是从上述关系中求出的 $\boldsymbol{y}$ 用 $\boldsymbol{x}$ 表示的表达式.

$\boldsymbol{s}$:$\boldsymbol{A},\boldsymbol{B}$ 及 $\boldsymbol{t}$ 与 $\boldsymbol{m}$ 之间的关系式(9.5).

$\boldsymbol{m}$:$\boldsymbol{x}=(x_1,x_2,x_3,x_4)^{\mathrm{T}}$.

$\boldsymbol{c}$:$\boldsymbol{y}=(y_1,y_2,y_3,y_4)^{\mathrm{T}}=H(\boldsymbol{x})$.

$\boldsymbol{D}$:先计算 $\boldsymbol{B}^{-1}\boldsymbol{y}=\boldsymbol{t}$,再由式(9.5)解出 $\boldsymbol{m}$,于是 $\boldsymbol{A}^{-1}\boldsymbol{m}=\boldsymbol{x}$,即恢复了明文.

矩阵分解体制中的矩阵显然可以换为 $k\times k$ 阶满秩矩阵(相应地,向量需换为 k 维向量).若我们设

$$\boldsymbol{E}=\begin{bmatrix}0&1&0&0\\0&1&1&0\\0&0&0&1\\1&0&0&0\end{bmatrix},\boldsymbol{F}=\begin{bmatrix}1&1&0&0\\1&0&0&0\\0&0&1&0\\0&0&0&1\end{bmatrix}$$

令 $\boldsymbol{v}=(v_1,v_2,v_3,v_4)^{\mathrm{T}}=\boldsymbol{Em}$,有

$$\begin{bmatrix}w_1\\w_2\\w_3\\w_4\end{bmatrix}=\begin{bmatrix}1&v_3+1&0&0\\0&1&0&0\\0&0&v_4&1\\0&0&0&1\end{bmatrix}\begin{bmatrix}v_1\\v_2\\v_3\\v_4\end{bmatrix}$$

$$\boldsymbol{y}=\boldsymbol{B}\cdot\boldsymbol{F}\cdot\boldsymbol{w},\boldsymbol{w}=(w_1,w_2,w_3,w_4)^{\mathrm{T}}$$

则矩阵分解体制变为

$$\boldsymbol{v}=(\boldsymbol{E}\cdot\boldsymbol{A})\cdot\boldsymbol{x},\boldsymbol{w}=\boldsymbol{F}(\boldsymbol{v})\cdot\boldsymbol{v}$$

$$\boldsymbol{y}=(\boldsymbol{B}\cdot\boldsymbol{F})\cdot\boldsymbol{w}$$

这是 NL－PKC 当 $L=1$ 时的特例.

第二类(平方矩阵体制)[60]:在特征 2 的有限域上,设

$$\boldsymbol{z}=(z_1,z_2,z_3,z_4)^{\mathrm{T}}$$
$$\boldsymbol{x}=(x_1,x_2,x_3,x_4)^{\mathrm{T}}$$
$$\boldsymbol{z}=\boldsymbol{A}\cdot x$$
$$\begin{bmatrix}u_1 & u_2\\ u_3 & u_4\end{bmatrix}=\begin{bmatrix}z_1 & z_2\\ z_3 & z_4\end{bmatrix}^2 \tag{9.6}$$
$$\boldsymbol{u}=(u_1,u_2,u_3,u_4)^{\mathrm{T}}$$
$$\boldsymbol{y}=(y_1,y_2,y_3,y_4)^{\mathrm{T}}$$
$$\boldsymbol{y}=\boldsymbol{B}\cdot\boldsymbol{u}$$

这里 $\boldsymbol{A}$,$\boldsymbol{B}$ 均为满秩矩阵.则平方矩阵体制为:

$\boldsymbol{p}$:$H(\boldsymbol{x})$,这里 $H(\boldsymbol{x})$ 仍是由上述关系解出 $\boldsymbol{y}$ 用 $\boldsymbol{x}$ 表示的表达式.

$\boldsymbol{s}$:$\boldsymbol{A}$,$\boldsymbol{B}$ 及式(9.6).

$\boldsymbol{m}$:$\boldsymbol{x}=(x_1,x_2,x_3,x_4)^{\mathrm{T}}$.

$\boldsymbol{c}$:$\boldsymbol{y}=(y_1,y_2,y_3,y_4)^{\mathrm{T}}=H(\boldsymbol{x})$.

$\boldsymbol{D}$:计算 $\boldsymbol{B}^{-1}\boldsymbol{y}=\boldsymbol{u}$,再由式(9.6)求出 $\boldsymbol{z}$,于是 $\boldsymbol{A}^{-1}\boldsymbol{z}=\boldsymbol{x}$.

这一体制也可以变换为 NL－PKC 的特殊情形:令

$$\boldsymbol{C}=\begin{bmatrix}1&0&0&0\\0&1&0&0\\0&0&1&0\\1&0&0&1\end{bmatrix}$$
$$\begin{bmatrix}w_1\\w_2\\w_3\\w_4\end{bmatrix}=\begin{bmatrix}v_1&v_3&0&0\\0&v_4&0&0\\0&0&v_4&0\\0&0&0&v_4\end{bmatrix}\begin{bmatrix}v_1\\v_2\\v_3\\v_4\end{bmatrix}$$

则有

$$\boldsymbol{v}=(\boldsymbol{C}\cdot\boldsymbol{A})\cdot\boldsymbol{x},\boldsymbol{w}=\boldsymbol{F}(\boldsymbol{v})\cdot\boldsymbol{v}$$

$$\boldsymbol{y}=(\boldsymbol{B}\cdot\boldsymbol{C})\cdot\boldsymbol{w}$$

这里 $\boldsymbol{w}=(w_1,w_2,w_3,w_4)^{\mathrm{T}}$，$\boldsymbol{v}=(v_1,v_2,v_3,v_4)^{\mathrm{T}}$. 这仍是 NL－PKC 当 $L=1$ 的特例.

这一类体制的破译是相当困难的，因为 $H(\boldsymbol{x})=F(\boldsymbol{x})\cdot\boldsymbol{x}$，这里 $F(\boldsymbol{x})$ 是一个元素为 $f_{ij}(\boldsymbol{x})$ 的 $k\times k$ 阶矩阵，故已知 $\boldsymbol{y}$，从 $\boldsymbol{y}=H(\boldsymbol{x})$ 求 $\boldsymbol{x}$ 是一个复杂的丢番图问题. 一般情况下这是一个不可判定问题.

9.3　公钥分配密码体制

公钥分配密码体制是 Diffie 与 Hellman[5] 提出的，并且他们基于离散对数问题具体地设计了一种公钥分配密码体制. 这种密码体制与 PKC 有不同之处，例如，所有用户都享用共同的公开钥. 两个用户欲进行秘密通信，首先用明文形式接通，然后通过互换信息来产生一个共同的通信密钥. 这种密码体制可以严格地用数学语言描述[11]：

设 $f(x,y)$ 是一个二元函数，满足：

(1) $f(x,y)=f(y,x)$.

(2) 从 $f(x,1)$ 求 x 是计算上不可能的.

则将 $f(x,y)$ 作为公开钥. 用户 A 选秘密钥 x_A，计算 $f(x_A,1)$ 并作为与用户 B 交换的信息；B 也以 $f(x_B,1)$ 送给 A，则 A 与 B 都可以得到 $f(x_B,x_A)=f(x_A,x_B)\triangleq k$，以 k 作为 A 与 B 的通信密钥. 这时可以用任一种可逆变换（用任意的传统密码体制的加、解密运算）进行加、解密.

9.3.1　Diffie-Hellman 体制

关于公钥分配密码体制，最著名的首推 Diffie 与 Hellman[5] 的基于离散对数的工作. 设 p 是大素数，且 $p-1$ 有大素数因子，选 g 是模 p 的一个原根，则有满足条件(1),(2) 的二元函数 $f(x,y)\equiv g^{xy}\pmod p$. 这里设所有的运算均在有限域 $\mathscr{F}_p$ 中，则在 $\mathscr{F}_p$ 中有 $f(x,y)=g^{xy}$. 于是：

公开钥为：p,q；

秘密钥为：每个用户 U 任选的正整数 x_U，$0<x_U<p-1$.

该体制的使用过程是：用户 A 欲与 B 进行秘密通信，首先用明文形式与 B 接通. 然后 A 将 $g^{x_A}=c_A$ 发送给 B，B 将 $g^{x_B}=c_B$ 发送给 A. 于是 A 与 B 分别得到 $(c_B)^{x_A}=g^{x_Bx_A}$，$(c_A)^{x_B}=g^{x_Ax_B}$，即 A 与 B 拥有共同密钥 $g^{x_Ax_B}$.

这个密码体制显然可以推广到一般的有限域 $\mathscr{F}_{p^n}$ 上，这里 n 为正整数；也可以推广到代数数域中（参阅文献[11]）.

椭圆曲线 $E(\mathscr{F}_{p^n})$（见第 8 章 8.3 中的 8.3.2）上的 Diffie-Hellman 体制与上述类似，例如选定 $E(\mathscr{F}_{p^n})$ 及 $P\in E(\mathscr{F}_{p^n})$ 公开，这里要求由 P 生成群的元素个数足够大. 两个用户 A，B 分别计算 x_AP，x_BP 并发送给对方，这里 x_A，x_B 分别为 A，B 任选的正整数. 于是 A，B 均拥有了通信密钥 $x_Ax_BP=x_Bx_AP$.

这种公钥分配密码体制的安全性是基于计算 $\mathscr{F}_{p^n}$ 或 $E(\mathscr{F}_{p^n})$ 上离散对数问题的困难性，所以具有很高的安全性.但是,这种体制也有一个缺陷,例如,用户 C 冒充 A 与 B 联络,则 C 将骗取 B 发给 A 的明文.如何发现假冒用户呢?我们将在 9.3.3 中介绍这个问题的一个解决办法.

9.3.2 矩阵环上的密码体制与分析

1988 年,肖戎[61] 提出了一类基于矩阵环的新型公钥分配密码体制,其公开钥是 n 维列向量 $\boldsymbol{V}$ 与一个 $n\times n$ 阶矩阵 $\boldsymbol{U}$.相应的二元函数为 $f(\boldsymbol{x},\boldsymbol{y})=\boldsymbol{xyV}$,这里 $\boldsymbol{x},\boldsymbol{y}$ 均为 $n\times n$ 阶矩阵,且满足 $\boldsymbol{xy}=\boldsymbol{yx}$.

具体的设计是:用户 A 与用户 B 分别选择一个多项式 $F_A(X),F_B(X)$,然后计算 $F_A(\boldsymbol{U}),F_B(\boldsymbol{U})$.由于 $F_A(X)F_B(X)=F_B(X)F_A(X)$,故 $F_A(\boldsymbol{U})F_B(\boldsymbol{U})=F_B(\boldsymbol{U})F_A(\boldsymbol{U})$.

这样,A 发送 $F_A(\boldsymbol{U})\boldsymbol{V}\triangleq\boldsymbol{V}_A$ 给 B,B 发送 $F_B(\boldsymbol{U})\boldsymbol{V}\triangleq\boldsymbol{V}_B$ 给 A,由于 $F_A(\boldsymbol{U})F_B(\boldsymbol{U})\boldsymbol{V}=F_B(\boldsymbol{U})F_A(\boldsymbol{U})\boldsymbol{V}$,故 $F_A(\boldsymbol{U})\boldsymbol{V}_B=F_B(\boldsymbol{U})\boldsymbol{V}_A\triangleq k$.因而获得了一个共同的通信密钥.

由于这个体制中的 $F_A(X),F_B(X)$ 是用户 A,B 随机选取的多项式,所以肖戎认为,在已知 $\boldsymbol{U},\boldsymbol{V},\boldsymbol{V}_A,\boldsymbol{V}_B$ 时求不出 $F_A(\boldsymbol{U})F_B(\boldsymbol{U})\boldsymbol{V}$.因而此体制不可破.

但是,杨义先[62] 给出了此体制一个十分简单的破译方法.下面给出这一体制的分析方法.记

$$\boldsymbol{U}^i\boldsymbol{V}=\boldsymbol{B}_i\,(i=0,1,\cdots,n-1)$$

$$\boldsymbol{B}=(B_0B_1\cdots B_{n-1})$$

分析人员用解线性方程组的方法求出向量 $\boldsymbol{\alpha}=(\alpha_0,\alpha_1,\cdots,\alpha_{n-1})^{\mathrm{T}}$ 与 $\boldsymbol{\beta}=(\beta_0,\beta_1,\cdots,\beta_{n-1})^{\mathrm{T}}$ 使得

$$\boldsymbol{B\alpha}=\boldsymbol{V}_A,\boldsymbol{B\beta}=\boldsymbol{V}_B$$

于是,分析人员获得两个多项式

$$F'_A(X)=\sum_{i=0}^{n-1}\alpha_i X^i,F'_B(X)=\sum_{i=0}^{n-1}\beta_i X^i$$

并满足

$$F'_A(\boldsymbol{U})\boldsymbol{V}=\boldsymbol{V}_A,F'_B(\boldsymbol{U})\boldsymbol{V}=\boldsymbol{V}_B$$

因此,分析人员获得了通信密钥 $k=F'_A(\boldsymbol{U})F'_B(\boldsymbol{U})\boldsymbol{V}$.

这是因为

$$\begin{aligned}F'_A(\boldsymbol{U})F'_B(\boldsymbol{U})\boldsymbol{V}=F'_A\boldsymbol{V}_B=F'_A(\boldsymbol{U})F_B(\boldsymbol{U})\boldsymbol{V}=\\F_B(\boldsymbol{U})F'_A(\boldsymbol{U})\boldsymbol{V}=\\F_B(\boldsymbol{U})\boldsymbol{V}_A=\\F_B(\boldsymbol{U})F_A(\boldsymbol{U})\boldsymbol{V}=k\end{aligned}$$

9.3.3　自确认密码体制

这种体制是对公钥分配密码体制的简单修改[63,11]. 例如,每个用户 U 可以将 $f(x_U,1)$ 公开,x_U 为用户 U 随机选取的正整数,$f(x,y)$ 为9.3开头定义的二元函数. 为了防止 n 个用户中(n 为网络所能容纳用户的最大数目)可能出现 $f(x_A,1)=f(x_B,1)$ 的情况,所以需假定有一个各用户均信得过的设计中心,其任务是制造各用户的随机数 x_i,使 $f(x_i,1)$ 两两不同. 一旦找到 n 个这样的随机数,则将其放置在一个“黑盒子”里,设计中心就可关门了.

每个用户 U 随机地从“黑盒子”里取出一个随机数,并记为 x_U,计算 $f(x_U,1)$ 作为公开钥.

显然,这种做法有力地防止了假冒者. 例如,如果用户 C 冒充用户 A 与 B 联络,那么 B 将以 $f(x_A,x_B)$ 作为加密密钥给 A 发送明文,C 不能获得明文的任何线索(在没有破译体制的前提下). 很显然,前面介绍过的公钥分配密码体制均可改为自确认密码体制，这里就不再介绍了.

第10章 密钥分散管理方案

无论是传统的密码体制,还是现代的密码体制(PKC),秘密钥均是需要严格保密的(不然,无论密码体制本身多么安全,破译者总能从截获到的密码恢复出明文来). 所以,管理秘密钥(简称密钥)便是一个重要的课题(参阅第1章1.3中1.3.4). 更一般地,设 D 是一个秘密数据(包括秘密钥、秘密文件等),那么,如何管理 D 才是安全的呢? 本章将研究这个问题,并提出一些密钥分散管理方案的思想与方法,从而回答了密钥安全性方面的一些问题.

10.1 孙子定理(k,n)门限方案

10.1.1 (k,n)门限方案的一般理论

在密码学中,密钥分散管理的思想由来已久[1*].设D是一个密钥(或秘密数据),D取自一个有限集合U(U称为密钥集合),并设$D_1,D_2,\cdots,D_n\in V$是D的某种分拆(V称为子密钥集合).若:

(1) 知道k(或更多)个D_i很容易计算D.

(2) 知道$k-1$(或更少)个D_i计算D是完全不确定的,即这时U的所有元素均可能是D.

则$\{D_1,D_2,\cdots,D_n\}$称为一个(k,n)门限方案.

从信息论(第1章1.1中1.1.2)的角度看[8],$\{D_1,D_2,\cdots,D_n\}$是$\{k,n\}$门限方案,等价于:

(3) 对$\{D_1,D_2,\cdots,D_n\}$中任意$t\geqslant k$个$D_{i_1},\cdots,D_{i_t}$均有

$$H(D\mid D_i,\cdots,D_{i_t})=0 \qquad (10.1)$$

(4) 对$\{D_1,D_2,\cdots,D_n\}$中任意$s<k$个$D_{i_1},\cdots,D_{i_s}$均有

$$H(D\mid D_{i_1},\cdots,D_{i_s})=H(D) \qquad (10.2)$$

这里$H(\cdot)$是熵函数.式(10.1)说明,在知道$D_{i_1},\cdots,D_{i_t}$时,D的不确定性是0,即D被完全确定;式(10.2)说明,在知道$D_{i_1},\cdots,D_{i_s}$时,D的不确定性与什么都不知道时D的不确定性完全一样.为了方便,将式(10.1)与式(10.2)分别称为(k,n)门限方案的第一条件与第二条件.有时从实际出发,还要求子密钥没有数

据扩展，所以

$$|V| \leqslant |U|$$

即有 $H(D_i) \leqslant H(D)(i=1,\cdots,n)$. 由式(10.1)，(10.2)，并设 D 在 U 中均匀分布，D_i 在 V 内也均匀分布，则

$$H(D_{i_k}) \geqslant I(D;D_{i_k} \mid D_{i_1},\cdots,D_{i_{k-1}}) = H(D)$$

故 $H(D_i) \geqslant H(D)(i=1,\cdots,n)$. 所以，在子密钥没有数据扩展时

$$H(D_i) = H(D)(i=1,\cdots,n)$$

也即 $|V|=|U|$.

10.1.2　Shamir 方案

1979 年，Shamir[7] 利用孙子定理提出了第一个 (k,n) 门限方案，这时有限集合 U 被假设为有限域 $\mathscr{F}_q$，q 是素数幂. 设 $q>n$，α 是 $\mathscr{F}_q$ 的本原元(第 7 章 7.1)，考虑 $\mathscr{F}_q$ 上的多项式

$$f(x) = D + a_1x + \cdots + a_{k-1}x^{k-1}$$

$$(a_i \in \mathscr{F}_q, i=1,\cdots,k-2, a_{k-1} \in \mathscr{F}_q)$$

这里 $D \in \mathscr{F}_q$ 为密钥，$a_i(i=1,\cdots,k-1)$ 为随机选取. 对 $i=1,\cdots,n$，在 $\mathscr{F}_q$ 上计算

$$D_i = f(\alpha^i)$$

则得到 D 的 n 个分拆是 $(i,D_i)(i=1,\cdots,n)$. 这里 $i(1 \leqslant i \leqslant n)$ 不需要保密，它仅仅用来作为 D_i 的标识号. 现在证明这种方案确为 $\mathscr{F}_q$ 上的 (k,n) 门限方案，即满足 (k,n) 门限方案的第一条件与第二条件(这里 $U=V=\mathscr{F}_q$).

第一步，假设已知 $D_{i_1},\cdots,D_{i_k}$，$i_1<\cdots<i_k$，则由拉格朗日(Lagrange) 插值公式，很容易确定 $f(x)$

$$f(x)=\sum_{j=1}^{k}D_{i_j}\prod_{\substack{l=1\\l\neq j}}^{k}\frac{x-\alpha^{i_l}}{\alpha^{i_j}-\alpha^{i_l}} \tag{10.3}$$

令 $x=0$，即得 $f(0)=D$. 事实上，在已知 $D_{i_1},\cdots,D_{i_k}$，$i_1<\cdots<i_k$ 时，我们有

$$f(x)\equiv D_{i_j}(\bmod x-\alpha^{i_j})(j=1,\cdots,k)$$

由于 $\alpha^{i_j}(j=1,\cdots,k)$ 两两不同，故 $(x-\alpha^{i_j},x-\alpha^{i_l})=1(j\neq l)$. 由孙子定理(参阅第 3 章 3.1 中的 3.1.1) 得到

$$f(x)\equiv\sum_{j=1}^{k}M'_j(x)M_j(x)D_{i_j}(\bmod\prod_{j=1}^{k}(x-\alpha^{i_j})) \tag{10.4}$$

这里 $M_j(x)=\left(\prod_{j=1}^{k}(x-\alpha^{i_j})\right)/(x-\alpha^{i_j})=\prod_{\substack{l=1\\l\neq j}}^{k}(x-\alpha^{i_l})$，$M'_j(x)$ 满足

$$M'_j(x)M_j(x)\equiv1(\bmod (x-\alpha^{i_j}))$$

即 $M'_j(x)$ 是一常数且在 $\mathscr{F}_q$ 上有

$$M'_j(\alpha^{i_j})M_j(\alpha^{i_j})=1 \text{ 或 } M'_j(\alpha^{i_j})=1/M_j(\alpha^{i_j})$$

故 $M'_j(x)M_j(x)=\dfrac{M_j(x)}{M_j(\alpha^{i_j})}=\prod\limits_{\substack{l=1\\l\neq j}}^{k}\dfrac{x-\alpha^{i_l}}{\alpha^{i_j}-\alpha^{i_l}}$，代入式(10.4)，得 $k-1$ 次多项式 $f(x)$，即式(10.3) 成立. 这说明

$$H(D\mid D_{i_1},\cdots,D_{i_k})=0$$

即第一条件成立.

第二步，假设已知 $D_{i_1},\cdots,D_{i_l}$，$i_1<\cdots<i_l$，这里 $l<k$. 则由

$$f(\alpha^{i_u})=D_{i_u}(u=1,\cdots,l) \tag{10.5}$$

只能确定 $\mathscr{F}_q$ 上的 $l-1$ 次多项式 $g(x)$，由此及式(10.3)知，将有 q^{k-l} 个多项式 $f(x)$ 满足式(10.5). 当 $l=k-1$ 时，将有 q 个多项式 $f(x)$ 满足式(10.5)，故 $\mathscr{F}_q$ 的每个元素均可能是 D. 因此

$$H(D \mid D_{i_1},\cdots,D_{i_{k-1}})=H(D)=\log q$$

即证明了第二条件成立.

例 1　设 $q=17, D=13\in\mathscr{F}_{17}, n=5, k=3$. 随机选取 $\mathscr{F}_{17}$ 上的多项式

$$f(x)=13+10x+2x^2$$

选 17 的最小原根 3，由于在 $\mathscr{F}_{17}$ 上有

$$3^1=3, 3^2=9, 3^3=10, 3^4=13, 3^5=5$$

故

$$D_1=f(3^1)=\langle 13+10\cdot 3+2\cdot 3^2\rangle_{17}=10$$

$$D_2=f(3^2)=\langle 13+10\cdot 9+2\cdot 9^2\rangle_{17}=10$$

$$D_3=f(3^3)=\langle 13+10\cdot 10+2\cdot 10^2\rangle_{17}=7$$

$$D_4=f(3^4)=\langle 13+10\cdot 13+2\cdot 13^2\rangle_{17}=5$$

$$D_5=f(3^5)=\langle 13+10\cdot 5+2\cdot 5^2\rangle_{17}=11$$

于是 $\{(1,10),(2,10),(3,7),(4,5),(5,11)\}$ 就是一个(3,5) 门限方案. 其中任意知道 3 个，例如 D_1, D_2, D_3，代入式(10.3) 得 $\mathscr{F}_{17}$ 上的多项式

$$f(x)=10\cdot\frac{x-3^2}{3-3^2}\cdot\frac{x-3^3}{3-3^3}+10\cdot\frac{x-3}{3^2-3}\cdot\frac{x-3^3}{3^2-3^3}+7\cdot\frac{x-3}{3^3-3}\cdot\frac{x-3^2}{3^3-3^2}=2x^2+10x+13$$

注意，这里的运算均在有限域 $\mathscr{F}_{17}$ 上进行. 若仅知道两个，例如 D_2, D_3，则需要取遍 $\mathscr{F}_{17}$ 中每一个元产生 $D'_1,\cdots,D'_{17}$，然后由 $\{D'_i, D_2, D_3\}(i=1,\cdots,17)$ 分别

产生 $f'_i(x)(i=1,\cdots,17)$，其中有且仅有一个是 $f(x)$. 或等价地，若仅知道 D_2,D_3，则由式(10.3)仅得到

$$g(x)=14x+3$$

因为 $f(x)\equiv 14x+3(\mathrm{mod}(x-9)(x-10))$，故

$$f_\lambda(x)=g(x)+\lambda(x-9)(x-10)=$$
$$\lambda(x^2+15x+5)+14x+3$$

这里 $\lambda\in\mathscr{F}_{17}$. 故当 λ 取遍 $\mathscr{F}_{17}$ 的所有元时，有且仅有一个 λ 恰使 $f_\lambda(x)=f(x)$. 但是，要确定到底是哪个 λ 使 $f_\lambda(x)=f(x)$，却完全不知道.

这种门限方案在 q 取适当大的素数幂后，具有良好的特性，例如：

(1) 子密钥 $D_1,D_2,\cdots,D_n$ 与 D 在大小上大致相同(即没有数据扩展).

(2) 已知 k 个子密钥时由式(10.3)恢复密钥 D 十分容易，仅需 $O(k^2)$ 次运算. 若使用 Knuth[6*] 提出的快速算法仅需 $O(k\log^2 k)$ 次运算.

(3) 对固定的 D，无须改变现有的子密钥就可以得到新的子密钥，而删去一些子密钥也不影响其他子密钥.

这些良好的特性说明，Shamir 方案还十分容易用于秘密数据的权限分配，例如将秘密数据 D 分拆成 $(3,n)$ 门限方案($n\geqslant 3$)，则可以给公司的经理 3 个子数据，副经理 2 个，职员 1 个，如此分配的结果是：经理一个人就掌握了秘密数据 D，而副经理还必须再与一个职员联合才能恢复 D，相应地，职员要三个人才可恢复 D 等.

10.1.3　Asmuth-Bloom 方案

1983 年，Asmuth 与 Bloom[66] 利用孙子定理(第 3 章 3.1 中 3.1.1)构作了又一个(k,n)门限方案，称为 Asmuth-Bloom 方案. 设计如下：

设 p 是素数，$1 < m_1 < \cdots < m_n$ 是 n 个两两互素的正整数且满足 $(p,m_i)=1(i=1,\cdots,n)$，$\prod_{i=1}^{k} m_i > p\prod_{i=1}^{k-1} m_{n-i+1}$. 再设 $M=\prod_{i=1}^{k} m_i$，$D\in\mathscr{F}_p$ 为密钥. 令 r 满足

$$D' = D + rp \in \mathscr{Z}_M$$

这里 $\mathscr{Z}_M$ 表示模 M 的非负最小完全剩余系. 计算

$$D_i = \langle D'\rangle_{m_i}(i=1,\cdots,n)$$

则$\{D_1,D_2,\cdots,D_n\}$是一个(k,n)门限方案. 这里每个拥有 D_i 的用户应同时记住与之对应的 m_i(尽管 m_i 不需要保密). 下面证明 Asmuth-Bloom 方案确实是(k,n)门限方案(这里 $U=\mathscr{F}_p,V=\mathscr{Z}_M$).

第一，当知道任意 k 个子密钥 $D_{i_1},\cdots,D_{i_k}\in\{D_1,D_2,\cdots,D_n\}$ 时，用孙子定理解同余式组

$$D' \equiv D_{i_j}(\bmod m_{i_j})(j=1,\cdots,k)$$

即得模 $\prod_{j=1}^{k} m_{i_j}$ 的 D'. 由于

$$\prod_{j=1}^{k} m_{i_j} \geqslant \prod_{i=1}^{k} m_i = M$$

故 $D'=D+rp$. 于是只要计算 D' 模 p 的最小非负剩余 $\langle D'\rangle_p$ 即得 D. 因此

$$H(D\mid D_{i_1},\cdots,D_{i_k})=0$$

第二，当仅知道 $k-1$ 个子密钥 $D_{i_1},\cdots,D_{i_{k-1}}\in\{D_1,D_2,\cdots,D_n\}$ 时，容易验证

$$H(D \mid D_{i_1}, \cdots, D_{i_{k-1}}) = H(D) = \log p$$

例 2 设 $p=5, n=3, m_1=7, m_2=9, m_3=11, k=2$,它们显然满足 Asmuth-Bloom 方案的条件. 设 $D=3$,由于 $M=7\times 9=63$,故可选 $r=9$,得

$$D' = D + rp = 3 + 9\times 5 = 48 \in \mathscr{Z}_{63}$$

于是由 $D_i = \langle D' \rangle_{m_i}\ (i=1,2,3)$ 分别得

$$D_1 = 6, D_2 = 3, D_3 = 4$$

在已知 D_1, D_2, D_3 中的任意两个时,例如已知 $D_1=6$, $D_3=4$,则用孙子定理计算 D 如下:

第一步,计算 D' 满足

$$\begin{cases} D' \equiv 6 \pmod 7 \\ D' \equiv 4 \pmod{11} \end{cases}$$

易知,$D' \equiv 48 \pmod{77}$,故 $D'=48$.

第二步,计算 $\langle D' \rangle_p = D$. 易知

$$\langle 48 \rangle_5 = 3$$

即 $D=3$.

当仅知道 D_1, D_2, D_3 中的一个时,例如 $D_1=6$,则有

$$D' \equiv 6 \pmod 7$$

故 $D' = 7\lambda + 6 \equiv D \pmod 5$,即

$$D \equiv 2\lambda + 1 \pmod 5 \ (\lambda \in \mathscr{F}_5)$$

因为 λ 过 $\mathscr{F}_5$ 时,$2\lambda+1$ 也过 $\mathscr{F}_5$,故 $\mathscr{F}_5$ 中的每个元均可能是 D.

在实际使用 Asmuth-Bloom 方案时,p 必须较大,以防止用穷举 $\mathscr{F}_p$ 中元的办法窃取秘密钥. 另外,这种方案的子密钥也有一定的数据扩展(因为 $|V| = M > p = |U|$). 但是,方案的实现却特别迅速,例如[66],仅需要 $O(k)$ 的时间与 $O(n)$ 的空间,比 Shamir

方案(10.1.2)的速度快得多.

10.2　线性方程组(k,n)门限方案

10.2.1　有限域上的 Karnin-Greene-Hellman 方法

1983 年,Karnin,Greene 与 Hellman[67] 提出了用有限域 $\mathscr{F}_q$ 上线性方程组来构作没有数据扩展的(k,n)门限方案的一般方法,称为 Karnin-Greene-Hellman 方法. 他们证明了:

定理 10.1　在有限域 $\mathscr{F}_q$ 上,构造形如

$$\boldsymbol{D}_i=\boldsymbol{u}\boldsymbol{A}_i(i=0,1,\cdots,n) \tag{10.6}$$

的(k,n)门限方案,等价于构造 $\mathscr{F}_q$ 上 $n+1$ 个 $km\times m$ 阶矩阵的集合$\{\boldsymbol{A}_0,\boldsymbol{A}_1,\cdots,\boldsymbol{A}_n\}$,且集合中任意$k$个矩阵组成的$km\times km$ 阶矩阵都满秩. 其中 q 是素数或素数幂,$\boldsymbol{D}_i$ 是 m 维向量,$\boldsymbol{u}$ 是 km 维向量,$\boldsymbol{D}_0=\boldsymbol{D}$ 是密钥,$\boldsymbol{D}_i(i=1,\cdots,n)$ 是 n 个子密钥,并且 $|V|=|U|=q^m$.

证　令 $u(\boldsymbol{D})$ 是满足方程 $\boldsymbol{D}=\boldsymbol{u}\boldsymbol{A}_0$ 的 $\boldsymbol{u}$ 的全体组成的集合,$\boldsymbol{u}$ 随机均匀地取值于 $u(\boldsymbol{D})$. 则有

$$H(\boldsymbol{u})=H(\boldsymbol{D})+(k-1)m\log q$$

首先证明,若任意 k 个 $\boldsymbol{A}_i$ 满秩,则$\{\boldsymbol{D}_1,\boldsymbol{D}_2,\cdots,\boldsymbol{D}_n\}$是$(k,n)$门限方案.

若已知任意k个子密钥 $\boldsymbol{D}_{i_1},\cdots,\boldsymbol{D}_{i_k}$,因为 $km\times km$ 阶矩阵$(\boldsymbol{A}_{i_1}\cdots\boldsymbol{A}_{i_k})$满秩,故由

$$\boldsymbol{D}_{i_j}=\boldsymbol{u}\boldsymbol{A}_{i_j}(j=1,\cdots,k)$$

可求得 $\boldsymbol{u}$;再由

$$\boldsymbol{D}=\boldsymbol{u}\boldsymbol{A}_0$$

求得 $\boldsymbol{D}$. 故 $H(\boldsymbol{D}\mid\boldsymbol{D}_{i_1},\cdots,\boldsymbol{D}_{i_k})=0$.

在已知任意 $k-1$ 个子密钥 $\boldsymbol{D}_{i_1},\cdots,\boldsymbol{D}_{i_{k-1}}$ 时，由于 $H(\boldsymbol{u}\mid\boldsymbol{D},\boldsymbol{D}_{i_1},\cdots,\boldsymbol{D}_{i_{k-1}})=0$，故

$$H(\boldsymbol{u}\mid\boldsymbol{D}_{i_1},\cdots,\boldsymbol{D}_{i_{k-1}})=I(\boldsymbol{u};\boldsymbol{D}\mid\boldsymbol{D}_{i_1},\cdots,\boldsymbol{D}_{i_{k-1}})$$

因此

$$\begin{aligned}H(\boldsymbol{D}\mid\boldsymbol{D}_{i_1},\cdots,\boldsymbol{D}_{i_{k-1}})\geqslant I(\boldsymbol{u};\boldsymbol{D}\mid\boldsymbol{D}_{i_1},\cdots,\boldsymbol{D}_{i_{k-1}})=&\\H(\boldsymbol{u}\mid\boldsymbol{D}_{i_1},\cdots,\boldsymbol{D}_{i_{k-1}})\geqslant&\\H(\boldsymbol{u})-(k-1)H(\boldsymbol{D}_i)\geqslant&\\H(\boldsymbol{u})-(k-1)m\log q=H(\boldsymbol{D})&\end{aligned}$$

又因为条件熵不大于无条件熵，因此

$$H(\boldsymbol{D}\mid\boldsymbol{D}_{i_1},\cdots,\boldsymbol{D}_{i_{k-1}})=H(\boldsymbol{D})$$

其次证明，若 $\{\boldsymbol{D}_1,\boldsymbol{D}_2,\cdots,\boldsymbol{D}_n\}$ 是 (k,n) 门限方案，此时若某 k 个 $\boldsymbol{A}_i$ 矩阵组成的 $km\times km$ 阶矩阵不满秩，即这 k 个矩阵相关，这时易知

$$H(\boldsymbol{D}\mid\boldsymbol{D}_{i_1},\cdots,\boldsymbol{D}_{i_k})\neq 0$$

这就证明了定理 10.1 的论断，证毕.

由这个定理知，构造有限域 $\mathscr{F}_q$ 上的 (k,n) 门限方案，只需要寻找 $\mathscr{F}_q$ 上 $n+1$ 个 $km\times m$ 阶矩阵 $\boldsymbol{A}_0$, $\boldsymbol{A}_1,\cdots,\boldsymbol{A}_n$，并满足任意 k 个矩阵 $\boldsymbol{A}_{i_1},\cdots,\boldsymbol{A}_{i_k}$ 组成的 $km\times km$ 阶矩阵 $(\boldsymbol{A}_{i_1}\cdots\boldsymbol{A}_{i_k})$ 都满秩. 因为若找到了 $\boldsymbol{A}_0$, $\boldsymbol{A}_1,\cdots,\boldsymbol{A}_n$，由 $\boldsymbol{D}=\boldsymbol{D}_0$ 及 $\boldsymbol{A}_0$ 求出 $\boldsymbol{u}$ 满足

$$\boldsymbol{D}_0=\boldsymbol{u}\boldsymbol{A}_0$$

然后由 $\boldsymbol{u}$ 及 $\boldsymbol{A}_1,\cdots,\boldsymbol{A}_n$ 可求出 n 个子密钥 $\boldsymbol{D}_i(i=1,\cdots,n)$.

在 10.1.2 中介绍的 Shamir 方案可以看成这个定理的一个例子，例如令

$$m=1,\boldsymbol{A}_0=\begin{bmatrix}1\\0\\\vdots\\0\end{bmatrix}_{k\times1},\boldsymbol{A}_i=\begin{bmatrix}1\\\alpha^{i}\\\vdots\\\alpha^{i(k-1)}\end{bmatrix}_{k\times1}\quad(i=1,\cdots,n)$$

则定理 10.1 的条件均满足. 从编码理论(第 7 章 7.2)知,式(10.6)可看成 $\mathscr{F}_q$ 上线性分组的编码方程,因为式(10.6)等价地可写成

$$(\boldsymbol{D}_0,\boldsymbol{D}_1,\cdots,\boldsymbol{D}_n)=\boldsymbol{u}(\boldsymbol{A}_0\boldsymbol{A}_1\cdots\boldsymbol{A}_n)$$

这里 $\boldsymbol{u}$ 可看成 km 维信息向量,$(\boldsymbol{A}_0\boldsymbol{A}_1\cdots\boldsymbol{A}_n)$ 是 $km\times(n+1)m$ 阶生成矩阵,$(\boldsymbol{D}_0,\boldsymbol{D}_1,\cdots,\boldsymbol{D}_n)$ 是 $(n+1)m$ 维码的向量. 具有以上要求的线性分组码就是纠错码中最大距离可分码(即 MDS 码),因此很容易用 MDS 码构作 (k,n) 门限方案,有关讨论可参看文献[10*]与文献[67].

10.2.2　一般域(或环)上的方法

1986 年,我们[68]在一般域(或环)$\mathscr{F}$ 上研究利用线性方程组构作密钥的分散管理方案,其中有些是 (k,n) 门限方案,有些则不是 (k,n) 门限方案,但安全性并不比 (k,n) 门限方案低.

设

$$\boldsymbol{A}=\begin{bmatrix}a_{11}&a_{12}&\cdots&a_{1k}\\a_{21}&a_{22}&\cdots&a_{2k}\\\vdots&\vdots&&\vdots\\a_{k1}&a_{k2}&\cdots&a_{kk}\end{bmatrix},\boldsymbol{B}=\begin{bmatrix}\lambda_{11}&\lambda_{12}&\cdots&\lambda_{1k}\\\lambda_{21}&\lambda_{22}&\cdots&\lambda_{2k}\\\vdots&\vdots&&\vdots\\\lambda_{m1}&\lambda_{m2}&\cdots&\lambda_{mk}\end{bmatrix}$$

其中 $\boldsymbol{A}$ 是一个 $k\times k$ 阶满秩矩阵,$\boldsymbol{B}$ 是一个任意子行列式都不为 0 的 $m\times k$ 阶矩阵. 则对给定的

$$\boldsymbol{b}=(b_1,\cdots,b_k)^{\mathrm{T}}$$

方程组 $\boldsymbol{Ax}=\boldsymbol{b}$ 有唯一解 $\boldsymbol{x}^{(0)}=(x_1^{(0)},\cdots,x_k^{(0)})^{\mathrm{T}}$. 反之，若 $\boldsymbol{D}=\boldsymbol{x}^{(0)}$ 为密钥，则由 $\boldsymbol{Ax}^{(0)}=\boldsymbol{b}$ 可求出 $\boldsymbol{b}$. 令

$$\boldsymbol{C}=\begin{bmatrix}\boldsymbol{I}_k\\\boldsymbol{B}\end{bmatrix}=\begin{bmatrix}1 & 0 & \cdots & 0\\0 & 1 & \cdots & 0\\\vdots & \vdots & & \vdots\\0 & 0 & \cdots & 1\\\lambda_{11} & \lambda_{12} & \cdots & \lambda_{1k}\\\lambda_{21} & \lambda_{22} & \cdots & \lambda_{2k}\\\vdots & \vdots & & \vdots\\\lambda_{m1} & \lambda_{m2} & \cdots & \lambda_{mk}\end{bmatrix}$$

$\boldsymbol{I}_k$ 为 $k\times k$ 阶单位矩阵，则得到 $n(=k+m)$ 个方程

$$\boldsymbol{CAx}=\boldsymbol{Cb}$$

其中任意 k 个方程构成的方程组都有唯一解，且这个解就是 $\boldsymbol{x}^{(0)}$；而任意 $k-r$ 个方程只能解出

$$\begin{bmatrix}x_1\\\vdots\\x_k\end{bmatrix}=C_1\begin{bmatrix}x_1^{(1)}\\\vdots\\x_k^{(1)}\end{bmatrix}+\cdots+C_r\begin{bmatrix}x_1^{(r)}\\\vdots\\x_k^{(r)}\end{bmatrix}+\begin{bmatrix}x_1^{(r+1)}\\\vdots\\x_k^{(r+1)}\end{bmatrix}$$

其中 $C_i(i=1,\cdots,r)$ 是任意参数. 因此少于 k 个方程无法求出 $\boldsymbol{x}^{(0)}$.

以上做法可以在任意域（或环）$\mathscr{F}$ 上进行. 由于我们可以具体地写出 $\boldsymbol{CA}$，$\boldsymbol{Cb}$，即

$$\boldsymbol{CA}=\begin{bmatrix}a_{11} & a_{12} & \cdots & a_{1k}\\a_{21} & a_{22} & \cdots & a_{2k}\\\vdots & \vdots & & \vdots\\a_{k1} & a_{k2} & \cdots & a_{kk}\\\vdots & \vdots & & \vdots\\a_{n1} & a_{n2} & \cdots & a_{nk}\end{bmatrix},\boldsymbol{Cb}=\begin{bmatrix}b_1\\b_2\\\vdots\\b_k\\\vdots\\b_n\end{bmatrix}$$

其中 $a_{sj}=\sum_{i=1}^{k}\lambda_{s-k,i}a_{ij}$，$b_s=\sum_{i=1}^{k}\lambda_{s-k,i}b_i$（$k+1\leqslant s\leqslant n$，$1\leqslant j\leqslant k$）. 故可将

$$\begin{gathered}\boldsymbol{p}_1=(a_{11},a_{12},\cdots,a_{1k},b_1)\\ \boldsymbol{p}_2=(a_{21},a_{22},\cdots,a_{2k},b_2)\\ \vdots\\ \boldsymbol{p}_k=(a_{k1},a_{k2},\cdots,a_{kk},b_k)\\ \vdots\\ \boldsymbol{p}_n=(a_{n1},a_{n2},\cdots,a_{nk},b_n)\end{gathered}$$

作为 n 个子密钥. 在每个子密钥 $\boldsymbol{p}_i$（$i=1,\cdots,n$）中，$(a_{i1},a_{i2},\cdots,a_{ik})$（$i=1,\cdots,n$）是不需要保密的，故实际上子密钥是 b_i（$i=1,\cdots,n$）.

显然，当知道任意 k 个子密钥时，很容易求出 $\boldsymbol{x}^{(0)}$. 当仅知道任意 $k-1$ 个子密钥 $b_{i_1},\cdots,b_{i_{k-1}}$ 时，由解线性方程组知

$$\begin{cases}x_1^{(0)}=d_1+c_1x_k^{(0)}\\ x_2^{(0)}=d_2+c_2x_k^{(0)}\\ \qquad\vdots\\ x_{k-1}^{(0)}=d_{k-1}+c_{k-1}x_k^{(0)}\\ x_k^{(0)}=x_k^{(0)}\end{cases}\tag{10.7}$$

这里 c_i,d_i（$i=1,\cdots,k-1$）为 $\mathscr{F}$ 中的常数. 由此知

$$H(x_1^{(0)},\cdots,x_{k-1}^{(0)}\mid x_k^{(0)},b_{i_1},\cdots,b_{i_{k-1}})=0$$

因此

$$\begin{aligned}H(\boldsymbol{x}^{(0)}\mid b_{i_1},\cdots,b_{i_{k-1}})=&\ H(x_1^{(0)},\cdots,x_k^{(0)}\mid b_{i_1},\cdots,b_{i_{k-1}})=\\ &\ H(x_1^{(0)},\cdots,x_{k-1}^{(0)}\mid x_k^{(0)},b_{i_1},\cdots,b_{i_{k-1}})+\\ &\ H(x_k^{(0)}\mid b_{i_1},\cdots,b_{i_{k-1}})=\\ &\ H(x_k^{(0)})\end{aligned}$$

故在 $\mathscr{F}$ 有限时得出

$$
\begin{aligned}
H(\boldsymbol{x}^{(0)}) = H(x_1^{(0)}, \cdots, x_k^{(0)}) = \\
& H(x_1^{(0)}, \cdots, x_{k-1}^{(0)} \mid x_k^{(0)}) + H(x_k^{(0)}) > \\
& H(x_k^{(0)}) = \\
& H(\boldsymbol{x}^{(0)} \mid b_{i_1}, \cdots, b_{i_{k-1}})
\end{aligned}
\tag{10.8}
$$

这说明,若将 $\boldsymbol{x}^{(0)}$ 直接作为密钥 D,则当 $\mathscr{F}$ 为有限集合时,$\{b_1, b_2, \cdots, b_n\}$ 不是一个(k,n)门限方案. 然而,此时我们可取 $\mathscr{F}$ 为无限集,则式(10.7)中 $x_k^{(0)}$ 将均匀地通过 $\mathscr{F}$,有无穷多个选择. 这时无法恢复 $x_1^{(0)}, \cdots, x_{k-1}^{(0)}$. 事实上,设 $\mathscr{F} \sim N$(自然数集),则 $\mathscr{F}^k \sim N$. 故在设 $|N| = N_0$ 时,必有

$$|\mathscr{F}| = |\mathscr{F}^k| = N_0$$

这时将得出无限集 $\mathscr{F}^k = U$,$\mathscr{F} = V$ 上的广义(k,n)门限方案. 当 $\mathscr{F}$ 为有限集时,十分显然,若将 $x_k^{(0)}$ 作为密钥 D,则$\{b_1, b_2, \cdots, b_n\}$ 满足(k,n)门限方案的第一条件与第二条件,并且

$$|U| = |V| = |\mathscr{F}|$$

我们在文献[68]中还产生了一个新的思想,这就是2次密钥(第1章1.3中的1.3.5,10.3)的概念(与此类似的概念参见文献[69]). 在文献[68]中,我们将 $\boldsymbol{x}^{(0)}$ 作为一次密钥,它是由 D 用一些简单方法产生的,而将 $b_1, \cdots, b_n$ 作为2次密钥. 这样,虽然在 $\mathscr{F}$ 有限时式(10.8)成立,即在知道 $k-1$ 个子密钥时 $\boldsymbol{x}^{(0)}$ 的不确定性有所下降,但终究是得不到一次密钥 $\boldsymbol{x}^{(0)}$;而在得不到 $\boldsymbol{x}^{(0)}$ 时就不能获得密钥 D 的任何信息量. 例如[68],将密钥 D 随机分拆成 k 段,得到 k 个 $\mathscr{F}$ 上的数 D_1, $D_2, \cdots, D_k$. 令

$$x_1^{(0)} = \varepsilon_1 \cdot D_1 / D'_k, x_i^{(0)} = \varepsilon_i \cdot D_i / D_{i-1} (i = 2, \cdots, k) \tag{10.9}$$

则得到 $\boldsymbol{x}^{(0)}=(x_1^{(0)},\cdots,x_k^{(0)})^{\mathrm{T}}$，这里 D'_k 是任选的与 D_1 互素的 $\mathscr{F}$ 中的元，$\varepsilon_i\in\{-1,1\}(i=1,\cdots,k)$. 当知道 k 个 2 次密钥时，解线性方程组可得 $\boldsymbol{x}^{(0)}$. 由 $x_1^{(0)}=\varepsilon_1 D_1/D'_k$ 及 $(D'_k,D_1)=1$ 知 D_1，从而

$$D_2=D_1\mid x_2^{(0)}\mid,\cdots,D_k=D_{k-1}\mid x_k^{(0)}\mid$$

当任意知道 $k-1$ 个 2 次密钥时，由式(10.7)知，$x_k^{(0)}\in\mathscr{F}$ 是任意的，无法确定，因而 $x_1^{(0)},\cdots,x_{k-1}^{(0)}$ 无法确定(若式(10.9)中有一个未知的 $x_i^{(0)}$(某 i，$1\leqslant i\leqslant k$)则其余皆无法确定). 只有当 $x_k^{(0)}$ 取遍 $\mathscr{F}$ 的所有元，从而得到 $|\mathscr{F}|$ 个 $\boldsymbol{x}^{(0)}$(这里 $\mathscr{F}$ 可为无限集，故 $|\mathscr{F}|$ 可为无限集的基数). 对每个 $\boldsymbol{x}^{(0)}$，得出一个 D，其中只有一个是真正的密钥 D. 所以，我们得到了 $U=V=\mathscr{F}$ 时的 (k,n) 门限方案.

例 3　设 $\mathscr{F}=\mathbf{Q}$(有理数集)，令 $D=1\,234$，设 $k=2$，$n=5$(即 $m=3$). 将 D 分成两段 $D_1=12$，$D_2=34$，任选 $D'_k=5$，则得

$$\boldsymbol{x}^{(0)}=\left(\frac{12}{5},\frac{34}{12}\right)^{\mathrm{T}}=\left(\frac{12}{5},\frac{17}{6}\right)^{\mathrm{T}}$$

选 2×2 阶满秩矩阵 $\boldsymbol{A}$ 及任意子行列式不为 0 的 3×2 阶矩阵 $\boldsymbol{B}$，则

$$\boldsymbol{A}=\begin{bmatrix}\frac{1}{3} & \frac{2}{3}\\ \frac{1}{4} & 1\end{bmatrix},\boldsymbol{B}=\begin{bmatrix}1 & 1\\ \alpha & \alpha^2\\ \alpha^2 & \alpha^4\end{bmatrix}$$

这里 $\alpha\in\mathbf{Q}$，$\alpha\neq1$ 是任意的，以下取 $\alpha=2$. 于是计算

$$\boldsymbol{b}=\boldsymbol{A}\boldsymbol{x}^{(0)}=\begin{bmatrix}\frac{1}{3} & \frac{2}{3}\\ \frac{1}{4} & 1\end{bmatrix}\begin{bmatrix}\frac{12}{5}\\ \frac{17}{6}\end{bmatrix}=\begin{bmatrix}\frac{121}{45}\\ \frac{103}{30}\end{bmatrix}$$

$$C=\begin{bmatrix}1&0\\0&1\\1&1\\2&4\\4&16\end{bmatrix},CA=\begin{bmatrix}\frac{1}{3}&\frac{2}{3}\\\frac{1}{4}&1\\\frac{7}{12}&\frac{5}{3}\\\frac{5}{3}&\frac{16}{3}\\\frac{16}{3}&\frac{56}{3}\end{bmatrix},Cb=\begin{bmatrix}\frac{121}{45}\\\frac{103}{30}\\\frac{551}{90}\\\frac{172}{9}\\\frac{2\ 956}{45}\end{bmatrix}$$

将$\left\{\frac{121}{45},\frac{103}{30},\frac{551}{90},\frac{172}{9},\frac{2\ 956}{45}\right\}$作为子密钥集合. 在任意知道其中 2 个时, 例如, $b_2=\frac{103}{30}$, $b_3=\frac{551}{90}$, 则解方程组

$$\begin{bmatrix}\frac{1}{4}&1\\\frac{7}{12}&\frac{5}{3}\end{bmatrix}x=\begin{bmatrix}\frac{103}{30}\\\frac{551}{90}\end{bmatrix}$$

得 $x^{(0)}=\left(\frac{12}{5},\frac{17}{6}\right)^{\mathrm{T}}$. 由此知 $D_1=12$, $D_2=12\times\frac{17}{6}=34$, 从而 $D=1\ 234$. 若仅知道任意一个子密钥, 例如 $b_2=\frac{103}{30}$, 则只能得到

$$\frac{1}{4}x_1+x_2=\frac{103}{30}$$

这里 $(x_1,x_2)^{\mathrm{T}}=x$. 从而

$$x_2=\frac{103}{30}-\frac{1}{4}x_1\ (x_1\in\mathbf{Q})$$

由此无法确定 x_1, x_2, 更无法确定 D.

10.3　2 次密钥方案

2 次密钥的思想产生于 1986 年前后[68-69]，但真正明确提出这一概念(参阅第 1 章 1.3 中的 1.3.5) 并产生较为丰富的结果的是由我们[70,8,71] 的一系列工作来完成的. 这里首先介绍我们在文献[68] 中的一个 2 次密钥方案，即基于有限集合理论的 2 次密钥方案；然后，对有密码学意义的有限集合本身进行一些研究[8]；最后，介绍我们[70-71] 关于 2 次密钥方案的进一步研究.

10.3.1　基于有限集合理论的 2 次密钥方案

1986 年，我们[68] 基于有限集合理论提出了一个 2 次密钥方案，其构成如下：设 D 是密钥(正整数)，若 D 不具有确定含义，则可将密钥 D 任意分成 m 段，得到 $D_1, D_2, \cdots, D_m$(这里 $D_1 < D_2 < \cdots < D_m$)，而 $m \geqslant \binom{n}{k-1}$，$1 \leqslant k \leqslant n$(如使用 10.2.2 的方法，令 $D'_1 = \varepsilon_1 D_1 / D'$，$D'_i = \varepsilon_i D_i / D_{i-1}$ $(i=2, \cdots, m)$，这里 D' 是任选的与 D_1 互素的整数，$\varepsilon_i \in \{-1, 1\}$ $(i=1, \cdots, m)$，则将 $\{D'_1, D'_2, \cdots, D'_m\}$ 作为一次密钥，安全性更佳). 若 D 具有确定含义，则可将 D 写成

$$D = 2^{D_1} + 2^{D_2} + \cdots + 2^{D_{m-1}} + D_m$$

这里 $0 < D_1 < D_2 < \cdots < D_{m-1} < D_m$(对 D_m，可只要求 $D_m > 0$，但此时 D_m 应用一个做了标志的用户管

理). 总之,可将密钥 D 分成 $D_1, D_2, \cdots, D_m$,记

$$A = \{D_1, D_2, \cdots, D_m\}$$

容易知道[68],A 中缺少任何一个均不能求出 D. 所以,对集合 A, 若有某种分拆方法得到 n 个子集 $A_1, A_2, \cdots, A_n$, 满足:

(1) 任意 k 个子集 $A_{i_1}, \cdots, A_{i_k} \in \{A_1, A_2, \cdots, A_n\}$ 都满足

$$\bigcup_{j=1}^{k} A_{i_j} = A \tag{10.10}$$

(2) 任意 $k-1$ 个子集 $A_{i_1}, \cdots, A_{i_{k-1}} \in \{A_1, A_2, \cdots, A_n\}$ 都满足

$$\bigcup_{j=1}^{k-1} A_{i_j} \neq A \tag{10.11}$$

则将 n 个子集 $A_1, A_2, \cdots, A_n$ 作为子密钥,就获得一个 2 次密钥方案. 这是因为:

第一,在知道任意 k 个子密钥 $A_{i_1}, \cdots, A_{i_k}$ 时,由于式(10.10) 成立,故求出 A. 由 A 可求出 D,即有

$$H(D \mid A_{i_1}, \cdots, A_{i_k}) = 0$$

第二,在知道任意 $k-1$ 个子密钥 $A_{i_1}, \cdots, A_{i_{k-1}}$ 时,由式(10.11) 知,A 中至少有一个元素不能获知. 不妨假设 A 中只有一个元素未知,由 A 不能得到 D. 事实上,在 A 是一个(m,m) 门限方案时,此时不能获得 D 的任何信息量,即有

$$H(D \mid A_{i_1}, \cdots, A_{i_{k-1}}) = H(D \mid D_{i_1}, \cdots, D_{i_{m-1}}) = H(D)$$

这里 $D_{i_1}, \cdots, D_{i_{m-1}}$ 是 A 中任意 $m-1$ 个元素.

由此知,构作这种门限方案关键的一步是构作 A 的 n 个子集 $A_1, A_2, \cdots, A_n$ 满足式(10.10) 与式(10.11).

在文献[68] 中,我们给出了 A 的满足式(10.10)

与式(10.11)的 n 个子集 $A_1, A_2, \cdots, A_n$ 的构造方法，且使用这个方法得到的 n 个子集满足

$$|A_1| = |A_2| = \cdots = |A_n|$$

故称为 A 的(k,n)均匀分拆法.具体构作如下：

首先将 n 个子集按 $k-1$ 个一组进行分组，共有 $\binom{n}{k-1}$ 组，记为

$$M_i = \{A_{i_1}, \cdots, A_{i_{k-1}}\} \left(1 \leqslant i \leqslant \binom{n}{k-1}\right)$$

称每个 M_i 为项.其次，对每个 $i, 1 \leqslant i \leqslant \binom{n}{k-1}$，令

$$D_i \notin A_{i_1} \cup \cdots \cup A_{i_{k-1}}$$

并且除此之外，A 的其余元素均在 M_i 的每个子集中，即对所有 $j \neq i$，均有

$$D_i \in A_{j_1} \cup \cdots \cup A_{j_{k-1}}$$

这样，便得到 A 的 n 个子集 $A_1, A_2, \cdots, A_n$.由构造方法易知，下述定理成立[68].

定理 10.2　设 $A_1, A_2, \cdots, A_n$ 是 A 使用均匀分拆法得到的 n 个子集，则对任意 k 个子集 $A_{i_1}, \cdots, A_{i_k} \in \{A_1, A_2, \cdots, A_n\}$ 均有

$$\bigcup_{j=1}^{k} A_{i_j} = A,\ \bigcup_{j=1}^{k-1} A_{i_j} = A - \{D_i\}$$

例 4　设 $A = \{D_1, D_2, \cdots, D_7\}$，取 $n=4, k=3$.从 A_1, A_2, A_3, A_4 中取 2 个的取法共 $\binom{4}{2}=6$ 种，即有 6 个项

$$M_1 = \{A_1, A_2\}, M_2 = \{A_1, A_3\}, M_3 = \{A_1, A_4\}$$
$$M_4 = \{A_2, A_3\}, M_5 = \{A_2, A_4\}, M_6 = \{A_3, A_4\}$$

令

$$D_1 \notin A_1 \cup A_2, D_2 \notin A_1 \cup A_3, D_3 \notin A_1 \cup A_4$$
$$D_4 \notin A_2 \cup A_3, D_5 \notin A_2 \cup A_4, D_6 \notin A_3 \cup A_4$$

则有

$$A_1 = \{\square, \square, \square, D_4, D_5, D_6, D_7\}$$
$$A_2 = \{\square, D_2, D_3, \square, \square, D_6, D_7\}$$
$$A_3 = \{D_1, \square, D_3, \square, D_5, \square, D_7\}$$
$$A_4 = \{D_1, D_2, \square, D_4, \square, \square, D_7\}$$

其中"□"表示它所在的位置上是空的.

显然,A_1, A_2, A_3, A_4 中任意 3 个的并都等于 A,而任意少于 3 个的并都不等于 A.

我们[8] 证明了以下一般的定理.

定理 10.3　设 $A=\{D_1, D_2, \cdots, D_m\}$ 是密钥 D 使用任何一个(m,m)门限方案得到的一次密钥集合,这里 $m \geqslant \binom{n}{k-1}$. 再设 $A_1, A_2, \cdots, A_n$ 是对 A 使用(k,n)均匀分拆法得到的 n 个子集,则$\{A_1, A_2, \cdots, A_n\}$ 是一个(k,n)门限方案.

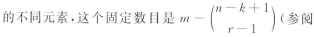

进一步分析表明,由定理 10.3 得到的(k,n)门限方案在 $2 \leqslant k \leqslant n-1$ 时具有发现假冒用户或合法用户窜改子密钥的蓄意破坏之能力. 例如[8],在 $2 \leqslant k \leqslant n-1$ 时任两个子集 A_{i_1} 与 A_{i_2} 的交都有相同的元素个数(参阅定理 10.4). 由此我们可以将 k 个用户的子密钥(子集)两两比较,其中如果都含有相同数目的共同元素,那么可以断定没有假冒者;否则一定有假冒者(合法用户的蓄意破坏同样可以被发现). 另一方面,由于 n 个用户所持子密钥是互相牵制的,即 n 个子密钥中任意$k-r(1 \leqslant r \leqslant k-1)$个的并集均含有固定数目的不同元素,这个固定数目是 $m-\binom{n-k+1}{r-1}$(参阅

定理 10.5). 所以,由此也可以发现有假冒者或合法用户的蓄意破坏.

进一步地,这种方案还可以指出谁是假冒(或蓄意破坏)的用户. 例如 k 个用户中只有假冒者 x,由于 x 与其余的用户不能保证都有相同数目的公共元素,而其余合法用户相互间都有相同数目的公共元素,故可断定 x 是假冒者. 显然,如果假冒者总是少数人,那么上述方法也可以发现全部的假冒者(或窜改子密钥的合法用户).

10.3.2　有限集合分拆理论研究

有限集合论是组合数学中非常丰富而有趣的课题. 近年来,我们[8,68] 将其应用于密码学的某些问题研究,收到了良好的效果.

(1)(k,n) 均匀分拆的组合性质[8]

设 A 是 m — 集(即 m 个元素的集合),$m \geqslant \binom{n}{k-1}$. 再设 $A_1, A_2, \cdots, A_n$ 是 A 的(k,n) 均匀分拆. 我们有:

定理 10.4　若 $1 \leqslant t \leqslant k-1$,则对 A 的任意 t 个子集 $A_{i_1}, \cdots, A_{i_t} \in \{A_1, A_2, \cdots, A_n\}$ 均有

$$\left|\bigcap_{j=1}^{t} A_{i_j}\right| = m - \sum_{j=1}^{t}\binom{n-j}{k-2} = m - \binom{n}{k-1} + \binom{n-t}{k-1} \tag{10.12}$$

证　根据(k,n) 均匀分拆法

$$\left|\bigcap_{j=1}^{t} A_{i_j}\right| = m - \delta_1 - \delta_2 - \cdots - \delta_t$$

这里 δ_1 是 A_{i_1} 在 $\binom{n}{k-1}$ 个项 $M_i\left(i=1,\cdots,\binom{n}{k-1}\right)$ 中

出现的次数；δ_2 是去掉含 A_{i_1} 的那些项后，A_{i_2} 在剩下的项中出现的次数……，于是

$$\delta_j = \binom{n-j}{k-2} \ (j=1,\cdots,t)$$

由此即知式(10.12)的第一个等号成立.因为熟知

$$\sum_{\lambda=0}^{m} \binom{n+\lambda}{n} = \binom{n+m+1}{n+1}$$

所以

$$\sum_{j=1}^{t} \binom{n-j}{k-2} = \sum_{\lambda=n-k-t+2}^{n-k+1} \binom{(k-2)+\lambda}{(k-2)} =$$

$$\sum_{\lambda=0}^{n-k+1} \binom{(k-2)+\lambda}{(k-2)} -$$

$$\sum_{\lambda=0}^{n-k-t+1} \binom{(k-2)+\lambda}{(k-2)} =$$

$$\binom{(k-2)+(n-k+1)+1}{(k-2)+1} -$$

$$\binom{(k-2)+(n-k-t+1)+1}{(k-2)+1} =$$

$$\binom{n}{k-1} - \binom{n-t}{k-1}$$

故式(10.12)的第二个等号成立.证毕.

定理 10.5 设 $1 \leqslant t \leqslant k-1$，则 $A_1, A_2, \cdots, A_n$ 中任意 t 个子集 $A_{i_1}, \cdots, A_{i_t}$ 都满足

$$\left| A - \bigcup_{j=1}^{t} A_{i_j} \right| = \binom{n-t}{k-t-1}$$

证 由容斥原理知

$$\left| A - \bigcup_{j=1}^{t} A_{i_j} \right| = |A| - \sum_{j=1}^{t} |A_{i_j}| + \sum_{1 \leqslant j1 < j2 \leqslant t} |A_{i_{j1}} \cap A_{i_{j2}}| -$$

$$\sum_{1 \leq j1 < j2 < j3 \leq t} |A_{i_{j1}} \cap A_{i_{j2}} \cap A_{i_{j3}}| + \cdots +$$
$$(-1)^t |A_{i_1} \cap \cdots \cap A_{i_t}|$$

故由定理 10.4(用式(10.12)第二个等号)知

$$|A - \bigcup_{j=1}^{t} A_{i_j}| = m - \binom{t}{1}\left[m - \binom{n}{k-1} + \binom{n-1}{k-1}\right] +$$
$$\binom{t}{2}\left[m - \binom{n}{k-1} + \binom{n-2}{k-1}\right] -$$
$$\binom{t}{3}\left[m - \binom{n}{k-1} + \binom{n-3}{k-1}\right] + \cdots +$$
$$(-1)^t \binom{t}{t}\left[m - \binom{n}{k-1} + \binom{n-t}{k-1}\right] =$$
$$\binom{n}{k-1} + \sum_{j=1}^{t} \binom{t}{j}(-1)^j \binom{n-j}{k-1} =$$
$$\sum_{j=0}^{t} \binom{t}{j}(-1)^j \binom{n-j}{k-1}$$

下面我们用归纳法证明对任意非负整数 t,均有

$$\sum_{j=0}^{t} \binom{t}{j}(-1)^j \binom{n-j}{k-1} = \binom{n-t}{k-t-1} \quad (10.13)$$

首先当 $t=0$ 时,式(10.13)显然成立.假设式(10.13)对 t 成立,对 $t+1$ 我们利用熟知的组合恒等式

$$\binom{t+1}{j} = \binom{t}{j} + \binom{t}{j-1}$$

有

$$\sum_{j=0}^{t+1} \binom{t+1}{j}(-1)^j \binom{n-j}{k-1} =$$
$$\sum_{j=0}^{t+1}\left[\binom{t}{j}(-1)^j \binom{n-j}{k-1} + \binom{t}{j-1}(-1)^j \binom{n-j}{k-1}\right] =$$

$$\binom{n-t}{k-t-1}+\sum_{j=1}^{t+1}\binom{t}{j-1}(-1)^j\binom{n-j}{k-1}=$$

$$\binom{n-t}{k-t-1}+(-1)\sum_{i=0}^{t}\binom{t}{i}(-1)^i\binom{n-1-i}{k-1}=$$

$$\binom{n-t}{k-t-1}-\binom{n-1-t}{k-t-1}=\binom{n-(t+1)}{k-(t+1)-1}$$

即 $t+1$ 时式(10.13)也成立.这就证明了定理10.5,证毕.

例 5　设 $A=\{D_1,D_2,\cdots,D_{35}\}$,即 $m=35$,取 $n=7$,$k=5$,此时有 $m=\binom{n}{k-1}$.将 A 按(5,7)均匀分拆法,分出7个子集 $A_i(i=1,\cdots,7)$,其中令

$$\square\leftrightarrow 0,\text{非}\ \square\leftrightarrow 1$$

则有

$$A_1=\{00000000000000000000111111111111111\}$$
$$A_2=\{00000000001111111111000000000011111\}$$
$$A_3=\{00001111110000001111000000111100001\}$$
$$A_4=\{01110001110001110001000111000100010\}$$
$$A_5=\{10110110010110010010011001001000100\}$$
$$A_6=\{11011010101010100100101010010001000\}$$
$$A_7=\{11101101001101001000110100100010000\}$$

由此可见,在仅知道 $k-2=3$ 个子集时,A 中还有 $\binom{n-(k-2)}{k-(k-2)-1}=\binom{4}{1}=4$ 个元素不知道;在仅知道 $k-3=2$ 个子集时,A 中还有 $\binom{n-(k-3)}{k-(k-3)-1}=\binom{5}{2}=10$ 个元素不知道;任意两个子集的交均有

$\binom{n-2}{k-1}=5$ 个共同元素.

(2) 非均匀分拆方法[72]

很自然地,是否存在非均匀分拆方法获得 A 的 n 个子集 $A_1, A_2, \cdots, A_n$ 也能满足式(10.10)与式(10.11)呢?回答是肯定的.我们这里列出具有密码学意义的三个条件:

1) A 的任意 l 个子集 $A_{i_1}, \cdots, A_{i_l} \in \{A_1, A_2, \cdots, A_n\}$ 均满足

$$\left|\bigcup_{j=1}^{l} A_{i_j}\right| = |A| - 1 = m - 1 \tag{10.14}$$

2) 对任意 $l-1$ 个子集 $A_{i_1}, \cdots, A_{i_{l-1}} \in \{A_1, A_2, \cdots, A_n\}$ 均满足

$$\left|\bigcup_{j=1}^{l-1} A_{i_j}\right| < m - 1 \tag{10.15}$$

3) 对任意两个子集 $A_{i_1}, A_{i_2} \in \{A_1, A_2, \cdots, A_n\}$ 均有

$$|A_{i_1} \cap A_{i_2}| \neq \varnothing \tag{10.16}$$

例如,A 是一个$(m-1, m)$门限方案,则满足条件 1)~3) 的 n 个子集 $A_1, A_2, \cdots, A_n$ 可以作为 2 次密钥,其中条件 3) 是用来发现假冒用户或蓄意破坏的合法用户的.显然,当 $l=k-1, m \geqslant \binom{n}{k-1}$ 且 $2 \leqslant k \leqslant n-1$ 时,A 的(k, n)均匀分拆满足上述三个条件(条件 2),3) 中的不等可以具体地给出等于的结果,见定理 10.4 与 10.5).这里我们给出 A 分拆成 n 个子集 $A_1, A_2, \cdots, A_n$ 满足上述三个条件的非均匀分拆方法.

假设 n, k, m(这里不妨假设 $m=\binom{n}{k-1}$)与 A_1,

$A_2,\cdots,A_n$ 都与(k,n)均匀分拆法相同，则按以下方法改动 $A_1,A_2,\cdots,A_n$ 中的 $\lambda\leqslant n-k$ 个 $A_{i_{k+j-1}}(j=1,\cdots,\lambda)$ 为 $A'_{i_{k+j-1}}(j=1,\cdots,\lambda)$，将使条件 1)～3) 仍然成立.

首先选定 $D_i\in A$，将 $A_1,A_2,\cdots,A_n$ 依不含 D_i 与含 D_i 划分成两部分. 因为 $A_1,A_2,\cdots,A_n$ 中不含 D_i 的集合恰有 $k-1$ 个，故有

$$A_{i_1},\cdots,A_{i_{k-1}}\text{（第一部分，不含 }D_i\text{）}$$

和

$$A_{i_k},A_{i_{k+1}},\cdots,A_{i_n}\text{（第二部分，含 }D_i\text{）}$$

在第二部分中任意选定 λ 个集合，不妨设为 A_{i_k}，$A_{i_{k+1}},\cdots,A_{i_{k+\lambda-1}}$，这时保持 $A_{i_1},\cdots,A_{i_{k-1}},A_{i_{k+\lambda}},\cdots,A_{i_n}$ 这 $n-\lambda$ 个集合不变，而改动 $A_{i_k},A_{i_{k+1}},\cdots,A_{i_{k+\lambda-1}}$ 为 $A'_{i_k},A'_{i_{k+1}},\cdots,A'_{i_{k+\lambda-1}}$，改动的算法是：

第一步，对 $j=1,\cdots,\lambda$，$D_i\notin A'_{i_{k+j-1}}$.

第二步，对 $\forall D_u\in A(u\neq i)$ 以及 $j=1,\cdots,\lambda$，若 $A_{i_1},A_{i_2},\cdots,A_{i_{k+j-2}}$ 这$(k+j-2)$个集合中有$(k-2)$个集合不含有 D_i，而 j 个集合含有 D_i，则 $D_i\in A'_{i_{k+j-1}}$. 否则转第三步.

第三步，若 $D_u\in A_{i_{k+j-1}}$，则 $D_u\in A'_{i_{k+j-1}}$；若 $D_u\notin A_{i_{k+j-1}}$，则 $D_u\notin A'_{i_{k+j-1}}$.

不难证明，由此得到的 A 的 n 个子集

$$A_{i_1},\cdots,A_{i_{k-1}},A'_{i_k},A'_{i_{k+1}},\cdots,A'_{i_{k+\lambda-1}},A_{i_{k+\lambda}},\cdots,A_{i_n}$$

仍能满足式(10.14)～(10.16)，即条件 1)～3) 成立，并且有：

定理 10.6　对 $j=1,\cdots,\lambda$，有

$$|A'_{i_{k+j-1}}|=\binom{n-1}{k-1}+\binom{k+j-2}{j}-1$$

证　按非均匀构造方法，对 $j=1,\cdots,\lambda$，$A'_{i_{k+j-1}}$ 比 $A_{i_{k+j-1}}$ 少了一个元素 D_i，却增加了一些元素，这些元素的个数等于 $A_{i_1},\cdots,A_{i_{k+j-1}}$ 中有 j 个集合有、$k-1$ 个集合没有，并且 $A_{i_{k+j-1}}$ 中一定没有的所有这种元素的总和. 这个总和为

$$\binom{k+j-1}{k-1}-\binom{k+j-2}{k-1}=\binom{k+j-2}{k-2}=\binom{k+j-2}{j}$$

证毕.

对于均匀分拆法，$m\geqslant\binom{n}{k-1}$ 是必不可少的条件. 但对非均匀分拆，在 $m<\binom{n}{k-1}$ 时是否可以得到满足式(10.14)～(10.16)的 A 的 n 个子集呢？现在借助于前述非均匀分拆方法给出这个结论的肯定回答.

对于非均匀分拆法得到的 $\lambda(\leqslant n-k)$ 个集合

$$A'_{i_k},A'_{i_{k+1}},\cdots,A'_{i_{k+\lambda-1}} \tag{10.17}$$

容易知道，它们比均匀分拆法中相应的 λ 个集合总共增加了 $\binom{k+\lambda-1}{k-1}-1$ 个元素，故 m 的下限可由 $\binom{n}{k-1}$ 改为 $\binom{n}{k-1}-\binom{k+\lambda-1}{k-1}+1$. 具体做法是：设 $m=\binom{n}{k-1}-q$，这里 $q\leqslant\binom{k+\lambda-1}{k-1}-1$. 在式(10.17)的 λ 个集合所增加的元素中任取 q 个，不妨设为 $D'_1,D'_2,\cdots,D'_q$，记

$$A''=A-\{D'_1,D'_2,\cdots,D'_q\}$$
$$A''_{i_j}=A_{i_j}-\{D'_1,D'_2,\cdots,D'_q\}$$

$$(j=1,\cdots,k-1,k+\lambda,k+\lambda+1,\cdots,n)$$
$$A''_{i_j}=A'_{i_j}-\{D'_1,D'_2,\cdots,D'_q\}$$
$$(j=k,k+1,\cdots,k+\lambda-1)$$
则以 A''_{i_j} 代 $A_j(j=1,\cdots,n)$，以 A'' 代 A，容易验证式(10.14)～(10.16)仍成立.

10.3.3 2 次密钥方案的进一步研究

1988 年，我们[70] 提出了构作 2 次密钥 (l,n) 门限方案的一般方法. 设密钥是 $D=b_0$，选取一个足够大的素数 p(或素数幂)，在有限域 $\mathscr{F}_p$ 中选取 $L-1$ 个元 b_1，$b_2,\cdots,b_{L-1}$，构造 $B(x)$ 如下
$$B(x)=b_0+b_1x+b_2x^2+\cdots+b_{L-1}x^{L-1}$$
再选取 $L+1$ 个数 $p_1,p_2,\cdots,p_{L+1}$，对 $B(x)$ 取模$(x-p_i)$得
$$B(x)\equiv r_i(\bmod(x-p_i))(i=1,2,\cdots,L+1)$$
将 r_i 与 p_i 联结得 $r_i*p_i(i=1,2,\cdots,L+1)$. 显然，每个 r_i*p_i 可看成 $\mathscr{F}_p^2$ 中的元.

现在另选 m 个 $\mathscr{F}_p^2$ 中的元$(q_j,t_j)(j=1,\cdots,m$，这里 m 适当的大)满足：

(1)$q_j\neq p_i(j=1,\cdots,m;i=1,2,\cdots,L+1)$.

(2)$B(x)\equiv t_j(\bmod(x-q_j))$，且 $t_j\neq r_i(j=1,\cdots,m;i=1,2,\cdots,L+1)$.

于是将$(\mathscr{F}_p^2)^{L+1+m}$ 中的元
$$(r_1*p_1,\cdots,r_{L+1}*p_{L+1},t_1*q_1,\cdots,t_m*q_m)_\pi \tag{10.18}$$
存储于计算机中，此处 π 是一秘密置换.

记 $A=\{p_1,p_2,\cdots,p_{L+1}\}$，构造 A 的 n 个子集 A_1，$A_2,\cdots,A_n$ 满足式(10.14)～(10.16)，则获得一个 2

次密钥(l,n)门限方案. 这是因为,当任意知道 l 个子集时,由式(10.14)知 A 中将有 L 个元素被获得,不妨设为 $p_1,\cdots,p_L$,由此输入计算机查找与之相对应的 $r_1,\cdots,r_L$. 然后由拉格朗日插值公式(见 10.1.2)求出 $B(x)$,因而得 $D=B(0)$.

当仅知道 $l-1$ 个子集时,由式(10.15)知,A 中至少有两个元素未知,这时即使从计算机中调出相应的 r_i,也不能求出 $B(x)$. 由 Karnin-Greene-Hellman 方法知,此时不能获得 D 的任何信息量.

这种方案显然具有发现假冒者或蓄意破坏的合法用户的能力(参阅10.3.1).

但是,这个方案的子密钥有一定的数据扩展.

我们在文献[8]中指出,可以将 $B(x)$ 的 L 个系数看成密钥 D,即 $D=(b_0,b_1,\cdots,b_{L-1})$,这时子密钥的数据将显著地缩小,因为此时每个子密钥(子集)A_{i_j} 均满足 $|A_{i_j}|<L$. 但这时方案的安全性有所降低,因为此时

$$H(D)=H(b_0,b_1,\cdots,b_{L-1})>H(D\mid A_{i_1},\cdots,A_{i_{l-1}})$$

(这里假设式(10.18)是公开的). 从(k,n)均匀分拆的一些性质(10.3.2)出发,我们可以缩小子密钥的数据扩展. 例如,当 $A=\{D_1,D_2,\cdots,D_m\}$,$m=\binom{n}{k-1}$ 时,使用(k,n)均匀分拆法得 n 个子集 $A_i(i=1,\cdots,n)$,满足(参阅定理 10.4 与 10.5):

性质 10.1　在仅知 $k-2$ 个子集时,A 中还有未知元素的个数为 $\binom{n-(k-2)}{k-(k-2)-1}=n-k+2$ 个.

性质 10.2　在仅知 $k-3$ 个子集时,A 中还有未知

元素的个数为$\binom{n-(k-3)}{k-(k-3)-1}=\binom{n-k+3}{2}$个.

由此可以构作$(k-2,n)$门限方案.记$k-2=K$，$n=N$,则构作(K,N)门限方案如下：

第一步,选

$$l=\binom{n-k+3}{2}-(n-k+2)=$$

$$\binom{n-k+2}{2}=\binom{N-K}{2}$$

$$L=m-(n-k+2)=m-(N-K)$$

作有限域$\mathscr{F}_p$上的多项式

$$B(x)=b_0+b_1x+\cdots+b_{l-1}x^{l-1}+b_lx^l+\cdots+b_{L-1}x^{L-1}$$

这里$D=(b_0,b_1,\cdots,b_{l-1})\in\mathscr{F}_p^l$是密钥,$b_l,\cdots,b_{L-1}\in\mathscr{F}_p$是选机选取的,并且$p$是大的素数或素数幂.

第二步,任选$\mathscr{F}_p$中m个不同的元$x_i(i=1,\cdots,m)$,计算

$$D_i\equiv B(x)(\mathrm{mod}\ (x-x_i))(i=1,\cdots,m)$$

即$D_i\in\mathscr{F}_p(i=1,\cdots,m)$,得$m-$集

$$A=\{D_1,D_2,\cdots,D_m\}$$

第三步,对A使用$(k,n)=(K+2,N)$均匀分拆法是N个子集$A_i(i=1,\cdots,N)$.

现在证明$\{A_1,A_2,\cdots,A_N\}$确是一个(K,N)门限方案.

首先,在知道任意$K=k-2$个子集时,由性质10.1知,将获得A中元的个数为

$$m-(n-k+2)=L$$

不妨设$D_1,D_2,\cdots,D_L$，故由拉格朗日插值公式(10.1.2)可求出$B(x)$，从而得到$D=(b_0,b_1,\cdots,$

b_{l-1}).

其次,在知道任意 $K-1=k-3$ 个子集时,由性质 10.2 知,仅能获得 A 中元的个数为

$$m-\binom{n-k+3}{2}$$

故有 $l=L-\left(m-\binom{n-k+3}{2}\right)$ 个元不能获知,此时不能得到 D 的任何信息量.

这种方案具有发现假冒用户与蓄意破坏的合法用户之能力.同时子密钥的数据扩展有所改善,这时

$$|D|=l=\binom{N-K}{2},\ |A_i|=\binom{N-1}{K+1}$$

利用定理 10.4 与 10.5,可以更一般地构作这种体制.此外,我们[71] 还一般地提出了计算机存储型 2 次密钥方案,并用来查验每个用户的身份.这方面的工作参看文献[70,71,73],这里就不再介绍了.

参考文献

第一部分:图书

[1*] Van Tilborg, H. C. A., An introduction to cryptology, Kluwer Academic Publishers, Boston, 1988.

[2*]葛陵元、胡湘陵、郑若忠. 计算机密码学,西南交通大学出版社, 1989.

[3*]卢开澄. 计算机密码学——通信中的保密与安全,清华大学出版社,1990.

[4*]曹珍富. 丢番图方程引论,哈尔滨工业大学出版社,1989.

[5*]Garey, M. R. and Johnson, D. S., Computer and Intractability: a guide to the theory of *NP*-completeness, San Francisco, W. H. Freeman and Co., 1979.

[6*] Knuth, D. E., The art of computer programming, Vol. 2, SemiNumerical Algorithms, Second Edition, Addision - Wesley, Reading, MA., 1981.

[7*] Hecke, E., Lectures on the theory of algebraic numbers, Springer-Verlag, New York, 1981.

[8*]管纪文. 程序设计基础,科学出版社,1985.

[9*]Ireland, K. and Rosen, M., A classical introduction to modern number theory, Springer-Verlag, 1982.

[10*] MacWilliams, F. J. and Sloane, N. J. A., The

theory of Error-Correcting Codes, North-Holland Publishing Company,1977.

[11*]Koblitz,N. Introduction to Elliptic Curves and Modular Forms, Springer-Verlag,1984.

[12*]Halberstram,H. and Roth,K . F. Sequences, Springer-Verlag, New York,1983.

[13*]陶仁骥.有限自动机的可逆性,科学出版社,1979.

第二部分:论文

[1]Shannon,C. E. ,Communication theory of Secrecy System,Bell Syst. Tech. Journal, Vol. 28(1949), 656-715.

[2]Morrison, M. A. and Brillhart, J. , A method of factoring and the factorization of F,, Math. Comp. ,Vol . 29(1975),183-205.

[3]Manders, K. L. and Adleman, L. , NP — complete problems for binary quadratics,J. Compt. System Sci. ,Vol. 16(1978),168-184.

[4]Berlekamp, E. R. , McEliece, R. J. and Van Tilborg,H. C. A. ,On the inherent intractability of certain coding problems, IEEE Trans. Informat. Theory,Vol. 24(1978),384-386.

[5]Diffie, W. and Hellman,M. E. ,New directions in cryptography, IEEE Trans. Informat. Theory, Vol. 22(1976),644-654.

[6]Goldwasser, S. and Micali, S. ,Probabilistic encryption and how to play mental poker keeping secret all partial information, Proc. 14th ACM

Symp. on Theory of Computing,1982,365-377.

[7] Shamir, A., How to share a secret, Comm. ACM,Vol. 22(1979),612-613.

[8]曹珍富.关于密钥分享的2次密钥方案,密码学进展-Chinacrypt′92,科学出版社,1992,267-274.

[9] Rivest, R. L., Shamir, A., and Adleman, L., A method for obtaining digital signatures and public key cryptosystems,Comm. ACM,Vol. 21(1978), 120-126.

[10] Miller, G. L., Reimann's hypothesis and tests for primality, Proc. 7th Annual ACM Symp. on the Theory of Computing, Albuguerque, New Mexico,1975,234-239.

[11]曹珍富. Z[ω]环上的两类密码体制,电子科学学刊,Vol. 1 4 (1992),286-290.

[12]孙琦.代数整数环上的一类陷门单向函数,四川大学学报(自然科学),2(1986),22-27.

[13] Ecker, A., Finite semigroups and the RSA — Cryptosystem, Lecture Notes in Cornputer Science,Ed. by G. Goos and Hartmanis,Cryptography, Proc. of the Workshop on Cryptography, 1982,353-369.

[14]孙琦.关于一类陷门单向函数,四川大学学报(自然科学),4(1986), 33-35.

[15] Rabin, M. O., Digitalized signatures and public key functions as intractable as factorization, Technical Report LCS/TR212,Cambridge MA(1979), MIT.

[16] Williams, H. C., A modification of the RSA public key encryption procedure, IEEE Trans. on Info. Theory, Vol. 26, 6(1980), 726-729.

[17] Kurosawa, K., Ito, T. and Takeuchi, M., Public key cryptosystem using a reciprocal number with the same intractability and factoring a large number, Cryptologia, Vol. 12, 4(1988), 225-233.

[18] 曹珍富. 一些新型的公钥密码体制, 电子学报, Vol. 16, 4 (1988), 120-121.

[19] 曹珍富. 基于 k 次幂剩余的一类公钥密码体制, 自然杂志, Vol. 12, 11(1989), 877.

[20] 曹珍富. Eisenstein 环 Z[ω]上的一类公钥密码体制, 中国电子学会信息论学会《第三次全国密码学会议录》, 西安(1988), 178-186.

[21] 曹珍富. 基于 k 次幂剩余的新型公钥密码体制, 通信学报, Vol. 11, 2 (1990), 80-83.

[22] 李大兴, 张泽增. 构造安全有效的概率公开钥密码体制的一般方法, 计算机学报, Vol. 12, 10(1989), 721-731.

[23] 何敬尼, 卢开澄. 一种安全有效的概率加密体制, 计算机学报, Vol. 12, 10(1989), 732-739.

[24] Merkle, R. C. and Hellman, M. E., Hiding information and signatures in trap door knapsacks, IEEE Trans. on Info. Theory, Vol. 24, 5(1978), 525-530.

[25] Shamir, A., A polynomial time algorithm for breaking the basic Merkle-Hellman cryptosystem, in Proc. 23rd IEEE Symp. Found. Com-

puter Sci., 1982,145-152.

[26] Lagarias, J. C. and Odlyzko, A. M., Solving low-density subset problems, Proc. 24th Annual IEEE Symp. on Found. of Comp. Science, 1983, 1-10.

[27] Lenstra, A. K., Lenstra, Jr. H. W. and Lovasz, L., Factoring polynomials with rational coefficients, Math. Ann., Vol. 261(1982), 515-534.

[28] Brickell, E. F. and Odlyzko, A. M., Cryptanalysis: a survey of recent results, Proc. IEEE, Vol. 76(1988),578-593.

[29] 何敬民,卢开澄. 背包公钥密码系统的安全性与设计,清华大学学报(自然科学),Vol. 28,1(1988),89-97.

[30] 章照止. 破译一个新的背包公钥密码系统,系统科学与数学,Vol. 11,1(1991),91-96.

[31] 曹珍富,郑宝东. 对矩阵覆盖掩护下的 Knapsack 体制的讨论,哈尔滨工业大学学报,Vol. 22,6(1990),34-41.

[32] 来学嘉. MC 公钥密码体制,电子学报,4(1986),91-94.

[33] 曹珍富,刘锐. *NP* 破译的 Knapsack 体制,高校应用数学学报,Vol. 4,1(1989),1-5.

[34] 曹珍富,鲁宁. 一类矩阵覆盖与背包公钥密码体制,哈工大研究报告,1990,pp. 1-17.

[35] 曹珍富,李迎春. 矩阵覆盖型公钥密码体制研究,哈工大研究报告,1991,pp. 1-37.

[36]郑宝东,MC一隐线性变换型公钥密码体制,电子学报,Vol. 29,4(1992),21-24.

[37]McEliece, R. J., A public-key cryptosystem based on algebraic coding theory, DSN Progress Rep. 42-44, Jet Propulsion Lab., 1978,114-116.

[38]Niederreiter, H., Knapsack-type cryptosystems and algebraic coding theory, Problems of Control and Informat. Theory, Vol. 15(1986),159-166.

[39]李元兴,加密与纠错编码相结合——代数编码在现在密码学中的应用,西安电子科技大学博士论文(1991),1-71.

[40]Adams, C. M. and Meijer, H., Security-related comments regarding McEliece's public-key cryptosystem, IEEE Trans. Inf. Theory, Vol. 35(1989),454-455.

[41]Brickell, E. F. and Odlyzko, A. M., Cryptanalysis: a survey of recent results, Proc. IEEE, Vol. 76(1988),578-593.

[42]王新梅. M 公钥的推广及通过有扰信道时的性能分析,电子学报,Vol. 11,4(1986),84-90.

[43]Lee, P. J. and Brickell, E. F., An observation on the security of McEliece's public-key cryptosystem, Advance in Cryptolog Eurocrypt'88, Proceedings, Springer-Verlag, 1988,275-280.

[44]Adleman, L. M., A subexponential algorithm for the discrete logarithm problem with application to cryptography, in Proc. IEEE 20th Annual Symp. on Found. of Comp. Science, 1979,55-60.

[45]Hellman ,M. E. and Reyneri,J. M. ,Fast computation of discrete logarithms over GF(q),in advances in cryptography:Proc. of Crypto'82,D. Chaum,R. Rivest and A. Sherman,Eds. ,Plenum Publ. Comp. ,New York,1983,3-13.

[46]Coppersmith,D. ,Fast evaluation of logarithms in fields of characteristic two,IEEE Trans. Inf. Theory,Vol. 30(1984),587-594.

[47]ElGamal,T. ,A public-key cryptosystem and a signature scheme based on discrete logarithm,IEEE Trans. Inf. Theory,Vol. 31(1985),469-472.

[48] Koblitz, N. , Elliptic Curve Cryptosystems, Math. Comp. ,Vol. 48,177(1987),203-209.

[49]孙琦,肖戎.一类用于实现密码体制的良好椭圆曲线,科学通报,Vol. 34,3(1989),237.

[50]Chor,B. and Rivest,R. L. ,A knapsack - type public key cryptosystem based on arithmetic in finite fields, IEEE Trans. Inf. Theory, Vol. 34, 5(1988),901-909.

[51]陶仁骥,陈世华.一种有限自动机公开钥密码体制和数字签名,计算机学报,8(1985),401-409.

[52]Mealy,G. H. ,A Method for synthesizing sequential circuits,Bell System Technical Journal, Vol. 33(1955),1054-1079.

[53]马尽文,孟庆生.丢番图型公钥密码体制,中国电子学会信息论学会《第三次全国密码学会议录》,西安(1988),203-208.

[54]孙琦.用丢番图方程构作公开钥密码,四川大学学

报(自然科学版),Vol. 28,1(1991),15-18.

[55]曹珍富. 破译一类丢番图型公钥密码体制,自然杂志,Vol. 15,2(1992),151.

[56]杨义先,李世群,罗群. 丢番图公钥密码体制,通信学报,Vol. 10,2(1989),78-80.

[57]李大兴,张泽增. 基于 Euclid 辗转相除法攻破一类公开钥密码体制,科学通报,Vol. 35,11(1990),871-874.

[58]Tsujii,S.,Itoh,T.,Fujioka,A.,Kurosawa,K.,and Matsumoto,T.,A public-key cryptosystem based on the difficulty of soving a system of non-linear equations,Systems and Computers in Japan,Vol. 19,2(1988),10-18.

[59]Tsujii,S.,and Matsumoto,T.,A method of public-key cryptosystem using decomposition of matrix(NO. 2),Technical Paper of I. E. C. E.,Japan,IT85-42.

[60]Matsumoto,T.,Imai,Harashima and Miyakawa,Asymmetric cryptosystems based on obscure representations over finite noncommutative groups,Technical Paper of I. F. C. E.,Japan,CS85-12.

[61]肖戎. Another public-key distribution system based on matrix rings,IEE Electronics Letters,Vol. 24,4(1988),233-234.

[62]杨义先. 破译一类密码,自然杂志,Vol. 12,8(1989),638.

[63]杨义先. 自确认密码体系,通信学报,Vol. 9,

3(1988),50-53.
[64]王新梅. A digital signature scheme based on algebraic coding theory, IEE Electronics Letters, Vol. 26(1990),898-899.
[65]李元兴,梁传甲. 一种用纠错码构造的数字签名方案,电子学报,Vol. 19,4(1991),102-104.
[66]Asmuth,C. and Bloom,J.,A modular approach to key safeguarding,IEEE Trans. Inform. Theory,Vol. 29(1983),208-210.
[67]Karnin,E. D.,Greene,J. W. and Hellman,M. E.,On secret sharing systems,IEEE Trans. Inform. Theory,Vol. 29(1983),35-41.
[68]刘锐,曹珍富. 通信密钥分散管理的两个新方案,通信学报,Vol. 8,4(1987),10-14.
[69]王新梅. 级连码(K,N)门限通信密钥分散保管系统,通信学报,Vol. 8,4(1987),1-9.
[70]曹珍富,杨刚. 二级(k,n)门限通信密钥分散保管系统,自然杂志,Vol. 12,12(1989),951-952.
[71]曹珍富,郭志堂,陈宇华. 关于(k,n)门限通信密钥分散保管系统的新研究,电脑学习,1(1990),5-8转13.
[72]曹珍富. Finite set theory and its application to cryptology, Designs,Codes and Finite Geometries, Shanghai Conference, May, 24-28, 1993, 9-10.
[73]杨应弼. 保密通信密钥分散保管的一个新方案,通信学报,Vol. 10,4(1989),78-81.
[74]曹珍富. 公钥密码体制的诞生与发展,中国电子

报,1991 年 5 月 19 日第三版.

[75]Goldwasser, S. Micali, S. and Yao, A. , Strong signature schemes, Proc. 15th ACM Symp. on Theory of Computing,1983,431-439.

[76]Blum,M. Coin-Flipping by Telephone:a protocol for solving impossible problem,IEEE Proceeding, Spring Compcon,1982,133-137.

[77]曹珍富.公钥密码体制及计算机实现,哈尔滨工业大学课题报告,1991 年,1-38.